贵在逻辑

陈贵 著

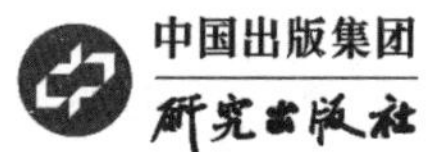

图书在版编目（CIP）数据

贵在逻辑 / 陈贵著. -- 北京 : 研究出版社,
2023.12
ISBN 978-7-5199-1458-5
Ⅰ. ①贵… Ⅱ. ①陈… Ⅲ. ①逻辑学－通俗读物 Ⅳ. ①B81-49

中国国家版本馆CIP数据核字(2024)第010384号

出 品 人：赵卜慧
出版统筹：丁　波
责任编辑：寇颖丹

贵在逻辑
GUI ZAI LUOJI
陈贵　著
研究出版社 出版发行
（100006　北京市东城区灯市口大街100号华腾商务楼）
廊坊市海翔印刷有限公司印刷　新华书店经销
2024年1月第1版　2024年1月第1次印刷
开本：710毫米×1000毫米　1/16　印张：16.25
字数：125千字
ISBN 978-7-5199-1458-5　定价98.00元
电话(010)64217619　64217652(发行部)

自序

知识常识逻辑 决定认知水平

◆◇ 陈贵

有人问我，现在咋看不到街上的狗吃屎了呢？我解释说，因为你看不到街边有人在啃树皮吧。

在《伊索寓言》里有个《驴子、狐狸和狮子》的故事，大概情节是狐狸为自保出卖了驴子，最后自己却被狮子先吃掉了。但从常识和逻辑角度分析这则寓言故事的真伪，怎么一个食肉动物与一个食草动物约定一起到野外狩猎？这完全不符合“合伙作案”动机的逻辑呀。

正如阿尔弗雷德·艾耶尔所说：“哲学家没有权利轻视关于常识的信念。如果他轻视常识的信念，这只表明他对于他所进行的探究的真实目的毫无所知。”对一件事物的判断结论维度，不仅涉及对与错，还包括真与假和美与丑。甚至非要讲个道理，那也不仅包括法理，还要考量情理和天理。

常识是对现实阶段性的揭示。逻辑是现实背后恒定的规律。常识是压缩的普遍知识，逻辑是人的思维理性的模型。奥古斯丁曾说：“时间究竟是什么？没有人问我，我倒清楚，有人问我，便茫然不解了。”所以，既要知识扎实，也要坚守常识与缜密逻辑，才能认知稳定，辨别是非，理性批判，清晰表达与顺畅沟通。由此，不仅知道这是什么，也要知道这是为什么。

知识是认知的起点而不是终点。柏拉图对“知识”“常识”给出了定义，知识必须是被证成的真信念，当知识成为一种共同的信念，乃至感觉或直觉，该知识就凝结为常识。托马斯·索维尔说，“认识到自己的无知，需要相当程度的知识”。所谓逻辑，就是从事物的底层、本质出发，寻找分析和解决问题路径的科学方法。

逻辑是因果等关系的关系。逻辑思维，让一个人在思想上变得清晰，在感觉上变得敏锐，在行动上不摇摆方向。人和人之间本质的不同，是“逻辑”水平的不同。因为，逻辑决定了一个人的思维方式，决定了一个人的行为习惯，决定了一个人的能力结构，甚至决定了一个人的终极命运。

逻辑被视为启蒙精神的起点。逻辑的力量是拒绝低劣和盲目的选择倾向，在荒诞和愚蠢之中，保持最基本的清醒和思考。戳穿生涩奥妙的伪命题、伪理论和伪思想往往靠的是基本常识。有些不可思议的误判并不是因为无知，而是缺乏或者忘记了简单的常识和逻辑。

逻辑推理，可以从一滴水中看到不远的上游有座桥梁。逻辑学家殷海光《逻辑新引：怎样判断是非》书中强调，世界是普遍联系的，逻辑是联系的线索，是正确认识事物或世界最基础性的因素。尊重知识，才是最大的知识；尊重常识，才是最大的常识；尊重逻辑，才是最大的逻辑。

构建认知，贵在逻辑。应该学会科学、理性、清晰地去思考、判断、质疑、批判，才能理解维特根斯坦的逻辑哲学思想：“不要去想，而要去看！”

2023年6月于北京码头

目录

■ 创新前智

» 哲学：科学创新之源 013
» 看懂这世界，才有世界观 020
» 精神，认知的坐标 022
» 战略科学家之战略性与科学性 024
» 算大账与算小账 026
» 道德情操的逻辑 028
» 宽恕，让内心强大 031
» 观察力：创业创新的第一能力 033
» 细分也是创新 035
» 文化才是创新源泉 037
» 创新需要沉淀 039
» 成功，不可复制 041
» 选择需要能力 043
» 现代化该如何理解？ 045
» 慢半拍的逻辑 047
» 尊重基层首创精神 049
» 价值观：行动之源 051
» 致敬科学精神 053
» 基础研究慢为上 055
» 伟大难以“计划” 057

» 美国康宁：与生俱来的创新基因 059
» 形而上，为学之上 064
» 伦理，人性之光 067
» 人文，人之道也 070
» 慈善的逻辑 073
» 参照系，话语体系原点 075
» 定义，学问的基石 078
» 问题，打开问题的钥匙 081
» 向左，一直向左走 084
» 当，典，典当行 087
» 逻辑，让决策靠谱 089
» 预期与非理性决策 092

■ 资政建言

» 神经末梢：择业新视点 097
» 北京应打造成全国的“智慧中心” 102
» 黑龙江森林“小火车”带动森林康养产业发展恰逢其时 106
» 高房价是控制北京人口膨胀唯一生态门槛吗？ 111
» 中关村终将会搬出北京城 114
» 大学生孵化器：能否成为中国职业教育发展新模式 119
» 北京可先行先试“积分落户农村户口”户籍改革新模式 125
» 时代呼唤“中国学生节”的诞生 131
» 请农民进城 鼓励富人上山下乡 133
» “税与睡”——如何高质量发展 135
» “十四五”换上新引擎 139
» 科研伦理：科学技术的安全阀 141
» 培育社会的科学精神 144
» 宽容对待企业家 146

■ “陈”观大势

» 发展：永远是硬道理......151
» 生态即哲学......153
» 向失败学习......155
» 常识，是门大学问......157
» 芯片，到底难在哪儿？......159
» 宽容失败 胜过神话成功......161
» 寻找现象背后的逻辑......164
» 哈里森航海钟：人类工匠精神的典范......166
» 啄木鸟多了害虫就少......168
» 悟——长三思......170
» 赋税之道......172
» “机制”的动机与目标......174
» 蔡元培：以美育代宗教......176
» 逻辑，让事实更逼近真相......179
» 民营经济做大做强正当其时......182
» 假设是种特殊能力......186
» “共同富裕”主战场在“扩中产”......189
» 生态文明：明智选择......192
» 小道理，才有大道理......194

■ 信用中国

» 信用也是经济发展的引擎......199
» 人或人：欠条或借条......201
» 儒家与契约：东西方信用文化的比较......203
» 契约，文明基石......205
» 信用：高质量发展的引擎......207
» 惩戒：科学有度......212
» 信用学 新学问......214

■ 企业论道

» 警惕先进产能过剩 219
» 产业生态的背后逻辑 221
» 房地产宏观调控要明晰五个基本概念 224
» 中国企业家慈善精神新高度 226
» 品牌源自企业家精神 228
» 文化熔铸企业品牌 230
» 以人为本 企业制胜 232
» 专注就是竞争力 234
» 利他就是利己 236
» 进化必基业长青 238
» 构建机场运营新生态 240
» 垄断，好与坏 242
» 减少焦虑 守住内功 244
» 诚信为基铸品牌 246
» 工业革命成功逻辑 248
» 伟大理论与伟大实践 250
» 商道与文明 252
» 专精特新基因：企业必须“做小” 255
» 寻找现象背后的现象——《贵在逻辑》一书后记 257

创新并非简单地将旧事物
旧理念一概摒弃
也并非一味盲目求新求异
更不是凭空创造

而是要用独到和敏锐的视觉从已知中探寻出新的问题
以发现问题作为创新的原动力
进而以创新的思维去寻求解决
一样能够触碰创新的真谛

—— 陈贵

创新前智

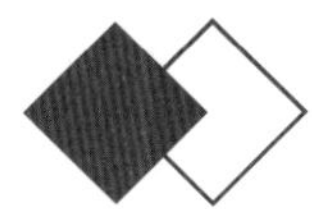

哲学：科学创新之源

PH.D.，指哲学博士学位，源自拉丁语 Philosophic Doctor，是指拥有人对其知识范畴的理论、内容及发展等都具有相当的认识，被授予者能独立进行研究，并在该范畴内对学术界有所建树。哲学博士基本上可以授予任何学科的博士毕业生。爱因斯坦谈哲学：如果把哲学理解为在最普遍和最广泛的形式中对知识的追求，那么，哲学显然就可以被认为是全部学科（科学）之母。古希腊时期，也认为哲学是最高层次的纯粹的智慧。

哲学（philosophy，其词源来自“philosophia”，其中 philo，意指“爱”，sophia，意指“智慧”），可以理解为“爱智慧”的学问，也可以理解为一门“永远没有公认答案”的学问。哲学史走过古代经典哲学和近现代哲学人类认知世界过程。哲学从追问世界的本源、生命的意义、道德实践，奠定了形而上学、知识论和伦理学现代哲学的三大基石。中国掀起自主原始创新战略，若遇到百思不得其解的问题，就要尝试回归哲学思维。

哲学是人类最原始的好奇心，也是打开各类学科第一道大门的钥匙。哲学首先要解决的就是世界本源问题。既是世界观，又是方法论，是世界观和方法论的统一。哲学是探索命题的真正意义，科学是验证命题的真理性。哲学是指导科学理论方法发展和验证的最根本的方法论。泰勒斯，西方思想史上第一个有记载有名字留下来的思想家，是古希腊及西方第一个自然科学家和哲学家，是学界公认的“哲学史第一人”，被称为“科学和哲学之祖”。观近现代科学哲学史，爱因斯坦说：培根是强调外部的证实，笛卡尔强调的是内部逻辑的完备，两者有机结合才是完美的。古典时代的科学或学科启蒙和奠基性大家，基本都是哲学家和教育家。

哲学与科学的关系。科学是产生知识，哲学是产生思想。哲学是提问的学问，科学是解答的学问。《哲学的秘密》中提到哲学不是具有或很少具有“现世”用途，它关注具体科学的“基本常识”。罗素说：哲学目标是批判的意识和怀疑的精神，是对任何被视为绝对真理的东西永远高昂着不屈的头颅。追溯人类近现代科学发展的“动力源”，应溯源自古希腊哲学大繁荣时代的大哲学家们。古希腊时代奠定了形式逻辑与实验证明两大科学体系的基石。亚里士多德“三段论”、欧几里得《几何原本》演绎归纳逻辑，以及笛卡尔“我思故我在”理性主义推理学派，弗朗西斯·培根经验主义推理学派，历史上的柏拉图、休谟、亚里士多德、卢梭、拜伦、尼采、康德、黑格尔等大师们世纪史诗般的辩论肯定和否定质疑，推动了世界认知的进步和哲学社会科学及自然科学的开启、成熟和分蘖。如果没有渴望追求真理哲学的信仰，没有了质疑精神，人类也就失去了科学和科技的创新动力之源。哲学科学界普遍认可弗朗西斯·培根是“现代科学之父”，他为人类现代科学体系奠定了基础。

古希腊（Ancient Greece），是西方文明的主要源头之一，古希腊文明持续了约650年（公元前800年——公元前146年），是西方文明最重要和最直接的渊源，古典希腊哲学是由古希腊哲人对生活智慧的总结与思考，认为哲学和科学是同一个范畴，科学是哲学的重要内容。发达的古希腊哲学对西方的哲学、科学和宗教的发展都有深刻的影响。可以肯定，伟大的科学家同时应该是一位伟大的哲学家。也可以肯定，不具备伟大哲学家质疑和批判精神的科学家，一定不是伟大的科学家。

古希腊最伟大的科学家、教育家、哲学家非亚里士多德莫属。亚里士多德，古代先哲，堪称希腊哲学的集大成者，是一位百科全书式的科学家，对世界的贡献很大。他还是一位真正的哲学家，他对哲学的几乎每个学科都作出了贡献。他的写作涉及伦理学、形而上学、心理学、经济学、神学、政治学、修辞学、自然科学、教育学、诗歌、风俗，以及雅典法律。亚里士多德的著作构建了西方哲学的第一个广泛系统，包含道德、美学、逻辑和科学、政治及玄学。马克思曾称亚里士多德是古希腊哲学家中最博学的人物，恩格斯称他是“古代的黑格尔”。

中国传统文化博大精深，本不缺少哲学启蒙和思想繁荣，但缺乏科学质疑和科学批判以及哲学大辩论的思想文化。如，天人合一、道法自然和无为而治等天命、规制，顺从的哲学世界观，一定程度上禁锢了科学质疑精神。历史上有代表性的、极为难得的应属南宋吕祖谦为调和朱熹“理学（格物致知）”和陆九渊“心学（发明本心）”理论分歧之“鹅湖之辩（也叫鹅湖之会）”。鹅湖之会给后人的启示就是，学派之间互相争辩，客观上促进了学术交流与发展。在学术辩论上，朱陆二人是论敌，各执一词，互不相让，其求理存真、弘扬王道的旷世情怀很让人敬佩，但这样的争辩历史上实在是太少了。中国春秋战国时代（与古希腊同时期），开启了儒、道、法、名和阴阳哲学相得益彰、精彩纷呈的智者时代，也是中国哲学形成发展繁荣的最好时期。但是重道轻术的功利实用主义思潮影响了中国哲学进程，亲规制却疏远了科学，“重政务、轻自然、斥技艺”“尚义理、鄙末技、贬方技”的价值观，对中国科学理论和学科发展形成了巨大的阻碍。

世界科学史就是从大农业文明科技需求开始的，加上宗教和皇权对宏大建筑的需要，如金字塔、帕特农神庙等，为了精准规划和测量才推动了“几何测量”和“几何美学”大发展。古希腊，关心的是世界本源为什么这样存在，古代中国，关心的是世界为什么这般美好。道家“炼丹术”更接近“药学”和“化学”，但被儒家一统思想视为山野巫术，曾繁荣一时而后浅尝辄止。在这样的哲学理论引导下，造成了中华民族与蒸汽机第一次工业科技革命和发电机第二次工业革命擦肩而过。后来，就进入半殖民地半封建社会。再后来，持续进行反帝反封建斗争。落后就要挨打，不思考、不创新、不哲学才是贫弱之根源。

抽象概念是理论的基石，理论无一不是建立在概念之上，定义确认了理论的坐标，通过逻辑构建思维模型，演绎归纳才能形成假说、定理、公式、原理，形成理论体系。哲学，是科学研究创新方向的基础，哲学是世界本源性基础理论创新最有力的工具，可以说没有哲学和哲学思维能力，就没有理论产生、凝结和确立。亚里士多德把他的哲学定名为《工具论》，培根也把他的崭新哲学定名为《新工具》，说明哲学就是认识世界本源的工具。

人类探索世界本源的奥秘永远在路上，哲学辩证思维和对真理渴望与质疑的精神引领全人类科学家纷纷步入探索的王国。真理，永远是相对的，允许被质疑的。时间，是检验真理的原配钥匙。地心说、日心说和无心说的思辨和验证就是最好的案例。地心说，古希腊学者欧多克斯提出，经亚里士多德完善，又为托勒密进一步发展。在16世纪“日心说”创立之前，“地心说”一直占统治地位。亚里士多德地心说认为，宇宙是一个有限的球体，地球位于宇宙中心，所以日月围绕地球运行，物体总是落向地面。公元140年前后，天文学家托勒密继承了亚里士多德的学说并使之发展到了极致，完美诠释了当时观测到的行星视运动情况，并取得了航海上的实用价值，对当时人们的生活是令人安慰的假设，也符合基督教信仰。因此，地球不动的说法统治了1000多年，托勒密的8卷本《伟大论》被当时信奉为绝对真理的经典。

1543年，波兰天文学家哥白尼发表了《天体运行论》，首次系统地提出了日心体系。哥白尼认为，地球不是宇宙中心，而是一颗普通的行星，太阳才是宇宙中心，行星运动的一年周期是地球每年绕太阳公转一周的反映。后来，意大利思想家布鲁诺发展了哥白尼的“日心说”理论，又更大胆地提出宇宙“无中心”的观点，结果被宗教法庭烧死在罗马繁花广场上。1609年，意大利天文学家伽利略发明望远镜证明了“日心说”的正确性，观测发现了木星的卫星（被命名为伽利略卫星）。据此学说，德国天文学家开普勒发现行星运动三大定律，都有力地支持了日心说。1636年，伽利略在《两种科学的对话》中，解读推翻影响人类2000年的亚里士多德“重的比轻的小球先落地”的权威认知。其理论，就是小球坡面滚下实验，如在极端的形态下坡面立起来进行实验，从而发现了匀加速运动（自由落体运动）。无论是苹果落地，让牛顿发现万有引力定律，还是伽利略为了证明“日心说”正确而发明望远镜，17世纪后期牛顿力学体系诞生之后，日心说才真正战胜了地心说。日心说是开启人类认识宇宙的又一重要里程碑，推动了人类天文学的一次革命。它既是人类宇宙观不断提升的经典案例，也是科学真理不断完善不断求真精神的胜利。早在1590年，札恰里亚斯·詹森虽是发明显微镜的第一人，但直到1674年荷兰人列文虎克发现了显微镜的科学价值，才开启细胞病毒的分子化学时代，一切都体现出哲学是科学理论必备的引擎。

科技一词，由科学和技术两部分组成。有了科学理论创新的源头，科技创新才有活水。理念思想更新是一切科学技术理论重大创新的开始，人的思想根本源于哲学。世界观决定科学技术研究方向，人生观决定人的创新精神、创新能力和科学态度。科学活动是以思维规律去发现和解释存在的规律，掌握运用矛盾论、实践论的哲学辩证思维是确定科研选题方向和实现路径设计的前提。科学研究是通过逻辑演绎和归纳，从事物感性的现象背后，概括抽象的本质。想象力，来源于哲学“无限性”表象最完美的诠释。想象力，是科学研究中实在的因素。爱因斯坦说：想象力比知识还重要。牛顿说：没有大胆的猜测，就没有重大的发现。

近现代人类科学技术创新发展，科学家和企业家作用是一样的。事实证明，科学家是不知道该课题有啥用途的基础理论创新主角，企业家是科技创新应用实践的主力军，企业才是科技创新的主体。英国独霸人类第一次大航海时代，是因为英国人哈里森发明了第一代“GPS”——航海经度定位的哈里森航海钟。最后，航海钟对世界天文学和造福人类航海事业作出了巨大的贡献。美国的一位卡车司机麦克莱恩发明了现代集装箱，给20世纪最大的转变就是即时生产，开启了经济全球化的人类繁荣交流交往和东西文明交融的新世界。

在近代中国哲学史上，胡适在《中国哲学史大纲》，冯友兰在《中国哲学简史》中都肯定、追问、质疑、反思哲学精神对科学进步的意义。中国幸运地赶上第三次科技革命浪潮，正在谋划开启引领第四次科技革命新时代。有人总结，任何一门科学（自然科学、社会科学、交叉科学等）都是从哲学孵化出去的，一个学科一旦成熟了都会从哲学母体分裂出去独立生活，剩下的不知道受没受精或能不能被孵化成功未知的“蛋”，仍然还要留在哲学这个窝里加温。

哲学，是科学之母；哲学，是科学之本；哲学，是科学之源；哲学，是科学和技术的创新之源。科学家学点哲学，企业家学点哲学，经济学家、社会学家和人类学家都应学点哲学，领导干部提升领导力及科学素养更需学好哲学，用好哲学。

（本文发表于2018年第31期国务院发展研究中心《经济要参》）

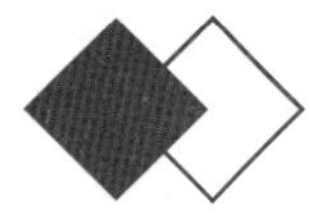

看懂这世界，才有世界观

抛开世界观和方法论这一哲学命题，作为一个普通人，如何构架起科学自我认知，进而形成积极向上、完整、科学的世界观呢？

“横看成岭侧成峰，远近高低各不同。”感观大千世界真实的样子，也会因观察者所在的位置、所处的时间、固有倾向性的眼光，以及此时不同的心情，看待与分析事物，最后的判断和反应也会截然不同，这就是人对世界的基本看法和观点。当然，人的世界观因人、因时、因势也在不断变化。走出去，从不同的维度、位置、时间，反复看这世界，多看看，真看懂了世界，才会有科学的世界观，由此而形成的世界观才会越巩固，越科学，越持久。

读万卷书，不如行万里路。世界观具有实践性，处在政治、经济、宗教、文化、科学和道德的不同层面、不同阶段，其基本的判断和看法也在不断更新、不断完善、不断优化。人的世界观是建立于对自然、人生和社会的精神的、科学的、系统的、丰富的认识基础上，也包括自然观、社会观、人生观、价值观。世界观不仅是认识、认知、认同的问题，而且还影响人的信念和实践行动。世界观、人生观和价值观三者是统一的，有什么样的世界观就有什么样的人生观，有什么样的人生观就有什么样的价值观。三者关系又随着时间推移相互反馈、相互迭代、相互作用、相互改变。可以讲，世界观决定一个人的价值观和人生观。

价值观决定人的自我认知。基于一定的思维感官而作出的认知、理解、判断或抉择，也就是人认定事物、辨别是非的一种特殊思维或价值取向，从而体现出人、事、物一定的价值或作用。价值观具有稳定性和持久性、历史性与选择性、主观性的特点。人生观被认为是对人生的意义和目的的根本观点，它对人们自身行为的定向和调节起着非常重要的作用。遇到艰难抉择的十字路口，价值观就会指导你到底向左转还是向右转，人生观就会指令你坚决向某一方向转。人生观在关键时刻决定最后选择的方向。

迷途知返，自然可贵。欲知山上路，须问下山人。你没看过世界，就没有世界观。

（本文发表于《发现》2023 年 2 月智库版）

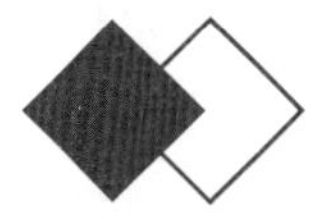

精神，认知的坐标

我们处在一个信息极度繁杂和高度透明的时代，随着5G移动互联网的飞速发展，信息量前所未有的大，传播的速度前所未有的快，似乎每个人都在被动和主动中掌握了更多的资讯和知识。加之自媒体井喷式的发展，每个人在接收信息的同时，也在制造和传播信息，信息的洪流很容易让人迷失方向。

人处于信息的汪洋大海中，虽不直接面对他人，难免也陷入庞大的群体社会中，情绪很容易受影响，观点很容易被操控。法国社会心理学家古斯塔夫·勒庞在《乌合之众》中指出：人一到群体中，智商就严重降低，为了获得认同，个体愿意抛弃是非，用智商去换取那份让人倍感安全的归属感。

信息的自由传播，并不等同于价值就一定自由传播。相反越是低俗的、极端的、容易吸引眼球的内容，越是受到大众的追捧，而那些真正有价值的信息总是被掩盖。认知的提升在信息透明的时代反而更不容易了。认知没有坐标，就很难看清现象背后的真逻辑。甚至，基本常识都会被抛弃。

企业家是国家和时代的稀缺资源，企业家在企业中的独特地位，决定了企业的核心价值观必然受其重要影响，决定了企业的组织创新、管理创新、价值创新等冒险活动只能由企业家自身承担。他同时也决定了企业的经营发展的兴衰成败，从而也就决定了企业核心竞争力能否形成。可以说，企业家精神对企业核心竞争力起着关键性保障作用，企业家精神通过企业家自身保障了企业核心竞争力的培育与提升。

因此，企业家的认知坐标就是优秀企业家精神。不断强化创新、冒险、敬业、诚信、学习等核心价值观，企业家才能不断成长，企业家的认知才能不断提升，企业的核心竞争力和可持续发展才能得到有效保障。以企业家的认知提升和思想进化引领企业不断迈向更高发展阶段，这可能是企业创新发展最有效、最便捷的途径了。

企业家精神不会在课堂上被教会，它就像一棵小草，只要内心埋下一粒种子，需要的仅仅是阳光、空气、水和土壤，剩下的就是春夏秋冬流水的时光。唯有干中学和学中干乃至终生学习，不断强化优秀企业家精神这一认知坐标，不断提升认知水平，方能不辜负时代的呼唤和企业自身的发展要求。

认知需要坐标，企业家的认知坐标就是企业家精神。

（本文发表于《发现》2019 年 11 月智库版）

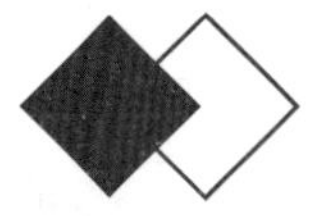

战略科学家之战略性与科学性

3、14、72、11。也许一个人看到的是杂乱的几个数字，而在另一个人眼里发现的是四个数间最大公约数或最小公倍数。透过现象看到逻辑，追着问题找问题，距离答案就不远了。

“战略”一词，最早是由普鲁士军事理论家和军事历史学家、战略理论奠基人克劳塞维茨提出的。他在《战争论》中指出：战略是“利用战斗来达到战争目的”。《孙子兵法》里的“三十六计”均是为取胜之独到战术。战略，用兵法不战而胜之终极大道。“战略”起始于与战争相关与战术相对的概念。

笔者以为的战略与战术，一个是关心预判的终极目标，一个是关心实现目标的最优路径。战术思维路径，方向、发散、分解、方法，需要擅长做加减乘除法归纳逻辑思维能力和解决重大问题的能力；战略思维路径，假设、提炼、聚焦、目标，更需要会做减法演绎逻辑的认知思维决策及发现并提出重大问题能力。假如：卢浮宫如果失火了，您会选哪一幅画带出去呢？最佳战术思维是选择离逃生通道门口最近的一幅画。而最佳战略思维是确保活着逃离出去，确定逃离了危险的前提下，不需要过多思考，顺便带出一幅什么画都行。

如果没有选择的机会，就坚决放弃多余的任何一项选择。

独门武功胜过多才多艺。敢于选择减法，能发现并提出前瞻性重大问题，善于用乘除法，高效率系统性解决问题，这也许是战略家应有的独特特质。也许争一时之得失，用战术即可；但是争一世之雌雄，必须具备战略。战略，是从长远全局谋划实现的前瞻关键的完整规划，为全局整体的伟大胜利，往往有时候要牺牲部分或眼前的利益。

“战略科学家”一词近期才被见诸报端。战略科学家，首先是科学家。这类人才具有深厚科学哲学融合素养，具备人文情怀的人格魅力，长期奋战在科研第一线，视野境界与格局开阔，前瞻性、敏感性、判断力、跨学科提问和解答能力、大兵团作战组织领导能力强。因此，战略科学家把得住方向、做得了科研、带得了队伍，是科学家里敢闯科学技术重大项目无人区的全能领袖的“帅才”。

冯兆东先生也曾提出过一个“科学战略家”概念，笔者觉得他的独到看法提得好。他强调了战略科学家既是科学家，更是战略家。战略科学家的重要性更多地在于“战略性”而非“科学性”。战略科学家是科学性与战略性的集成统一，战略素养比科学素养显得更稀缺更珍贵。

美国著名的战略理论家约翰·柯林斯在《大战略：原则与实践》一书中写道，“如果说在某个领域里，通才比专才更为可取，那个领域就是战略”。

（本文发表于《发现》2023 年 3 月智库版）

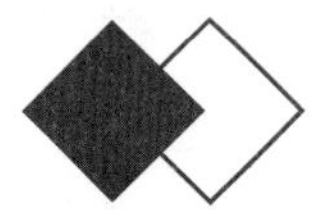

算大账与算小账

一篮子苹果，先吃最好的，还是先吃最坏的？请客吃饭，除了要让客人满意还要控制成本，应该怎么做？五花八门的答案中，两种请法最有趣，大概两种请法花的钱基本一样。那就是，在最高档的餐馆点最便宜的菜，或在最便宜的餐馆点最贵的菜。这两种请法，你觉得客人会满意吗？做无本的买卖，只可遇不可求，这一定也不是个大买卖。如果要做“得”的选择，就要做“舍”的评估。有那么几句老话：舍得，舍得。小舍，小得；大舍，大得；不舍，不得。

学术成本比较形而上。经济学范畴的成本，反映市场经济效率、经营管理和竞争力的综合评价指标，表示人们要进行生产经营活动或达到一定的目的，必须耗费一定资源的货币表现。可以解释为过程增值和结果有效已付出或应付出的资源代价，为达到一种目的而放弃另一种目的所牺牲的经济价值，成本的本质是价值的牺牲。成本一词看似简单，实则抽象复杂。会计学把成本会计单设学科，足见能正确理解成本的含义其实并不简单。教科书培训中讲的更多的是沉没成本、边际成本、机会成本等；而企业家着力点更多应是在企业实际经营过程中关注边际成本递减规律，从成本角度服务于企业发展战略。

俗话讲：吃不穷，喝不穷，算计不到受大穷。穷人的兜里放存折，富人的兜里装欠条。钱在普通人手里叫货币，钱在投资家的眼中叫资本。因此，传统的成本控制意识与价值投资意识会决定企业的未来命运。从节流和开源角度、从支出和投资角度、从过去和未来角度，以及从短周期确定性和长周期不确定性角度去做决策，因不同的成本本质价值判断，思维会产生截然不同的决策和结果。因此，短期主义保守型企业更关注眼前利润与成本的确定性，长期主义创新型企业更在意未来成本与利润的不确定性。

《孙子兵法》第二计中“围魏救赵”之策略，“围魏”耗费的资源叫成本，这笔支出就是“救赵”的先期投资。总经理该关心支出中可量化、可测量、可考核的成本，要决策的是“这事究竟怎么干利润最大”；董事长该关心回报中未来的、无形的、有潜力的成本，要决策的是“这事到底值不值得继续干”。有什么样的世界观，就决定什么样的价值观，最终还是思想决定命运。如果你已经确定要翻过眼前的这面墙，那就把脚上的两只鞋子先扔过去吧。

企业家要会算小账，更要学会算大账。精算小账，也许稳赚且不吃亏；粗算大账，也许舍座城池得了天下。

（本文发表于《发现》2023 年 4 月智库版）

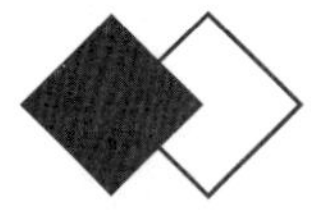

道德情操的逻辑

谈论这个话题的前提或许应该在衣食无忧、天下太平、彼此需要的基础之上，人性中光芒的一面才会得以彰显，人性善的一面才得以赞赏和推崇。如果在特殊极端的危险恶劣环境下，人性中极端、畸形、自私和邪恶的一面也许会表现得更多一些。司马迁在《史记·管晏列传》的引文中改动了一个字："则"改成了"而"，就有了法家鼻祖管仲"仓廪实而知礼节，衣食足而知荣辱"的名言真谛。

人之初，性本善或性本恶，各有认知逻辑体系。王阳明有关人性善恶哲学思想认为，"无善无恶心之体，有善有恶意之动，知善知恶是良知，为善去恶是格物"。人性可分为生物性和社会性。生物性是为了直接让自己生存得更好而表现出来的，社会性是为了整个集体的收益而表现出来的。

道德是高级规范。孔子说，"人而不仁，如礼何？"康德《实践理性批判》提出，"法律是道德标准的底线"；老子《道德经》说："道生之，德畜之，物形之，势成之。"其中"道"指自然运行与人世共通的真理，而"德"是指人世的德性、品行、王道。“道”不仅是宇宙之道、自然之道，也是个体修行即修道的方法；“德”不是通常以为的道德或德行，而是修道者所应必备的特殊的世界观、方法论及处世之道，德是基础，道是德的升华。在西方古代文化中“道德”意为风俗和习惯。东方道家主张“道”和“德”是分开的。总之，善是西方道德哲学的基础，孝是东方道德哲学的基础。

情操是高级情感。表现为复杂的环境与个体的价值观有关的高级情感，是个体对社会道德规范、事实真理、艺术审美所持有的情感和态度，也是人后天独有的一种深刻的、稳定的、具有社会意义的高级情感。亚当·斯密的现代经济学奠基之作《国富论》，阐释了在封建社会向商业社会转变的历史过渡中人类为什么需要市场交换。对市场下的人的情操如何界定，斯密把克制人的私利欲望寄托于同情心和正义感。人们往往容易忽略了他在哲学上的巨大成就，其实他始终研究人类最伟大的课题“人的科学”。他在“人的科学”中注入了“一种牛顿式的科学程序”，并且构成《道德情操论》和《国富论》的基础，对人类生活的主要方面，包括道德、社会、艺术、政治和商业，进行一个统一的一般性叙述。

人性有两面性。经济学是分析人性、心理和行为的学问，比如，如何对待人性中的利己和利他，如何平衡效率和公平问题等。不能准确理解人性本身，也就无法定义人的道德和情操。在《国富论》中，假设所有人都是“经济人”，一生都在寻求自身利益的最大化。《道德情操论》中的人却是高级的“社会人”，对物的追求只不过是一种手段，目的是“实现自己想要的感觉”。《道德情操论》对人类社会和道德规范的进化论式的阐述，提出了“为什么人会去追名逐利”“背后的原理是什么”这一终极哲学命题。

学者都认为《道德情操论》是《国富论》的基础，不读懂《道德情操论》就不能充分理解《国富论》的经典之处。为啥？追求个人利益是人民从事经济活动的唯一财富创造动力；为啥？市场这只“看不见的手”不仅会实现个人利益的最大化，反而还会推进社会公共整体利益。

（本文发表于《发现》2023 年 5 月智库版）

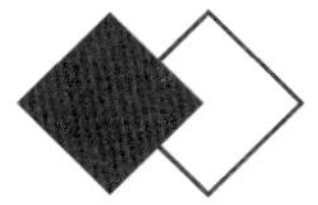

宽恕，让内心强大

“荷叶生时春恨生，荷叶枯时秋恨成。深知身在情长在，怅望江头江水声。”这是唐代诗人李商隐为追悼亡妻王晏媄写的诗作《暮秋独游曲江》，隐喻表达了李商隐对丧妻的满眼悲伤和四季不能走出的哀思惆怅。与自己内心和解尚且如此困难，与仇人间的恩怨情仇和解就难上加难。在商言商，过节难免。仅从商道的角度与企业家们讨论该情感心理学话题，希望企业家们在商业经营中遇到受伤心理时能够自我修复和减压。

谅解、和解、原谅、宽容、宽恕、饶恕，字里行间能感受到害其轻重与伤之深浅的同理心，也反映被伤害者表现出的内心情怀与格局。伤害的性质分过失或故意、违背道德或触犯法律。

美国富兰克林说，“对于所受的伤害，宽恕比复仇更高尚，鄙视比雪耻更有气度”。商界最讲究信誉，诚实守信是商业的基石。企业家如果能原谅合作伙伴的过失所致的失信，甚至能宽恕对方恶意的失信，那么这样的企业家的商界信誉就是诚信的二次方。损失眼下的利益事小，赢得长远的信誉事大。

我们到底应该以德为怨、以怨报怨，还是以德报德？美国保罗·费里尼所著、若水等翻译的《宽恕就是爱》，把“宽恕的真谛是爱——找回自己内心的爱”写为代序。《怒火救援》影片中最经典台词：“宽恕他们是上帝的事，我的工作是安排他们见面！”

歌德的代表作《浮士德》里说，“你不要以恶为胜，你要以善为胜。”《论语》有表述，“或曰：‘以德报怨，何如？’子曰：‘何以报德？以直报怨，以德报德’。”东西方哲思文化理念对于宽恕都有这样的表达，人类之所以伟大，不是因为他们强大，恰恰是因为人类的柔弱。

只有个体具备和谐的内心，未来才会有和谐的社会与和谐的世界。其实每个人能做到释怀本来就很难，可是每个人都希望雨过天晴。作为一本具有一百多年历史的文学巨著，陀思妥耶夫斯基《罪与罚》是伟大的。时至今日，它作为一个关于救赎与爱的故事依旧得到传颂。如何化解自己的内心愤懑？可以尝试用爱或大爱激发自己内心的柔弱之处，解决内心因恨而起的纠结与愤懑。心理咨询师信奉一句心灵鸡汤，宽恕是爱的前提，爱才是宽恕的结果。错误在所难免，宽恕会让自己的内心强大。

爱、敢爱和接受被爱都是极其稀缺的能力。大可试试与过往和解，与往事干杯。整理好内心，轻装再出发。

（本文发表于《发现》2023年6月智库版）

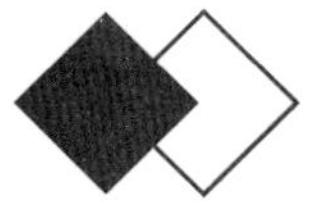

观察力：创业创新的第一能力

创业，是发现和创造能满足市场需求的产品，通过为客户提供价值服务赚钱的过程。

创业，成功的秘诀就是首先活下来，能持续赚到可以继续活下来的钱。

创业，最好的模式就是一开始就赚钱，即使不是以赚钱为目的的创业，也必须赚到能持续活下来的成本钱。

创业，活下来是创业最难过的门槛。

观察，创新创业的起点

20 世纪 80 年代改革开放初期，下海潮、打工潮、民工潮席卷率先开放的城市，在火车站接站就是个大问题。今天我们很难想象，当时没有手机或呼机的年代，人们之间究竟是如何联络的。话说在深圳火车站前，一个身心疲惫准备打道回府的小伙子，兜里的钱买了火车票就身无分文了，坐在车站广场的护栏上，沮丧地望着蜂拥而至的乌泱泱地新来的淘金者。更惨的是，神志恍惚傻坐着的时候，他乘坐的那趟火车已经开走了。

他，这个小伙子最后决定退掉车票不走了。他拿回退票的钱，买了支彩笔，挨家挨户到小卖店收废纸箱，找来木条开始制作接站牌，两块钱一个接站牌，回收回来可以换一块钱。嗨，生意还不错！这小子在深圳活下来了！他看到深圳人家里的阳台上都爱养花，他就到野外找适合种花的土，蹬个三轮车到小区卖花土。后来呢，他成了深圳的企业家。发现商机，满足需求，立即行动，第一单就是保命钱。

观察，才能找到痛点

创新能力，最受世界尊重，创新需要环境土壤，创新要从孩子抓起。哲学、文化和艺术的集体成就，体现一个民族的素质。大家知道的“滴灌”技术是以色列的发明，该技术使一个沙漠国家变为世界农产品出口大国。ICQ（即时讯息服务）、人造肉技术、Uzi 冲锋枪、防火墙技术等，已经成为以色列创业创新的国家名片。在美国纳斯达克上市的高科技企业中，以色列企业就占据三分之一。

观察，需要习惯寂寞

德国人刻薄呆板的坚守，成就德国这一高品质、高质量、高信誉的工匠国家。瑞士人聚焦精细简单的坚守，成就了瑞士这一分秒不差、丝丝入扣的精准国家。创业，贵在坚持。

创业，也要学会放弃；创新，贵在精神；创新，更需要环境。创新成果，无中生有，不问大小，只看效果。

（本文发表于《发现》2018 年 5 月智库版）

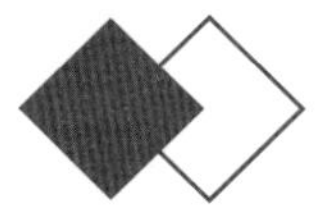

细分也是创新

创新，是企业参与市场竞争的不竭动力。人对自然界的认识，就是大到宇宙、能量、黑洞、反物质和引力波等，小到原子、质子、电子、中子和夸克等的过程。每一次概括、每一次假说和每一次细分，人类就向世界的本源认识迈进了一步。

细分，就是一种创新思维。企业精细化经营，涉及客户细分、产品细分和市场细分。客户细分，无外男女老少、工农商学、职业收入等。产品细分，诸如鸳鸯火锅分辣和不辣，咖啡分热咖和冰咖，啤酒分有醇和无醇等。市场细分，城乡市场、区域市场、国际国内市场、高低端市场等。

比如，尿不湿，可分男女，因为男女宝宝尿尿的位置不同。牙膏，我们只看到“儿童牙膏”，加盐的、加竹的、加白的、加防龋齿等。为啥牙膏就不可以分男和女呢？而且，再分为更年期牙膏、青春期牙膏、孕妇期牙膏和哺乳期牙膏。还可以进一步细分为女士更年期牙膏、男孩青春期牙膏和热恋期牙膏。

细，产品就会有个性。分，市场就找到痛点。细分，你就找到产品新功能、新设计和新需求。创新，不但要创造一个新世界，创新，也可以改造一个旧世界。市场机制就是时空信息配置的巧妙组合，进而发现需求，满足需求，升级需求，引导需求，创造需求。思想解放，理念观念才会更新。发现问题比解决问题的能力更可贵，方法一定多过问题。

焕然一新是创新，其实，修旧如旧也是创新。日本丝丝入扣精密，瑞士分秒不差精准，德国持久耐用精致。以万变应万变是创新，以不变应万变也是创新。创新需要大智慧，有效的进攻，是最好的防守。任性的坚守，会更受市场的尊敬。

足球战术无论咋变，球不过对方半场，永远没有取胜的机会。道可道，非常道。常言道：大象无形，大方无隅，大音希声。

（本文发表于《发现》2017 年 12 月智库版）

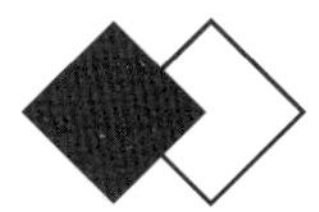

文化才是创新源泉

创业（创客）小镇近几年如雨后春笋般兴起，成败的关键在于有无特色资源。而模仿抄袭和政府单方面主导型模式，失败是大概率事件。

美国有许多小镇，如航空小镇、基金小镇等，一群志同道合的人，耐得住寂寞，形成工作型生活方式，是市场自己配置资源的成功案例。时间，是建设特色小镇的不二法则，政府大包大揽和运动式建设反而适得其反。

特色小镇的创建需要地理位置优越、宜居、生态和谐的基础，适合年轻人放松，值得年轻人向往。政府责任是在环境配套服务和创业环境的建设方面起到引导作用，其他领域只能靠市场配置。

小镇功能就是孵化器，蛋必须是受精卵。否则，再好的温度、湿度和呵护，机器也孵不出来，蛋的质量好坏也要靠市场检验。孵化器本质的属性就是服务一家家企业，生存和盈利能力也是企业成败的关键。创业（创客）小镇是新名词，2016 年才见诸报端。1987 年成立的武汉东湖新技术创业中心，这是中国诞生的第一家孵化器。1999 年第一个民营孵化器在南京创立的民营创业中心基础上形成。创业孵化经过这么多年的发展，尤其是近年来的“双创”掀起了创业创新高潮，陆续诞生了创业空间、创业小镇这样的概念。

硅谷是世界上最早和最成功的创业小镇，当然要遵循天时、地利、人和三要素成功法则。首先是有斯坦福大学，关键有位硅谷之父——斯坦福大学副校长特曼教授，他成立了世界上第一个创业（孵化）中心。惠普成立之初几十美元风投、几百美元房租都出自特曼教授工资。其次遇到美苏冷战关键时期。美国的海军情报部门从研究半导体、晶体管走向了研究集成电路，以美国通信技术创新为核心缔造了硅谷。最后是创业的文化土壤。硅谷所处地域文化就是美国西部的牛仔文化、荒蛮文化、肆无忌惮的创新文化，这种文化造就了敢作敢为、敢为人先、不怕失败、勇敢冒险的精神，这才是硅谷奇迹的核心基因。只因一所大学就能创造科技创新的奇迹，是对创业创新创客成功要素的误判。

人，是历史的创造者。人才，是硕果满园的种子。

土壤，才是民以食为天的立命根本。

（本文发表于《发现》2018 年 3 月智库版）

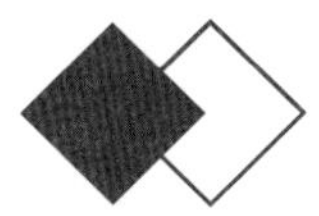

创新需要沉淀

华为，受美国政府制裁的影响，海思芯片和鸿蒙系统将逐步走上前台，承担“备胎转正”的艰巨使命。一方面，我们对“海思”和“鸿蒙”们能否担当大任心有疑虑，但另一方面，我们不得不由衷赞叹华为的创新技术和深谋远虑，没有积累和沉淀，华为哪有让“备胎转正”的勇气和底气？

无独有偶，据统计，华为 2019 年一季度的手机出货量超过 5900 万台，成为全球第二大智能手机厂商，市场占有率达到了 15.7% 的新高。值得一提的是，2018 全年，华为的消费者业务营收占比已经超过了运营商和企业业务，对华为而言是首次。创办于 1987 年的华为，一直以通信设备和运营商业务为主。2008 年，华为甚至想把手机业务卖掉，只是遇上了金融危机，并没有成功。2011 年华为才真正面向终端消费者开展手机业务，并在短短几年内迅速成为全球第二大手机厂商。除了品牌优势，华为拥有通信行业几十年的技术积累，把通信行业的创新技术运用到手机终端产品使得华为的竞争优势明显，实现了厚积薄发。

雾霾，让 3M 品牌被中国人熟知。3M 公司是一家来自美国以做砂纸和胶带起家的百年老字号，将创新融入发展血液的世界500强企业，年营业额超过300亿美元。3M生产口罩有50多年的历史。1967年，3M基于无纺布和静电纤维滤棉的专有技术，开始设计和生产防尘口罩，帮助采矿、冶炼和炉窑等工人应对恶劣的职业环境所用。如今，3M防颗粒物口罩产品线已经十分全面，不仅提供不同认证类别和级别的产品，还有多种带有额外功能的产品，如带有3M专利冷流呼气阀的口罩、带异味减除功能的口罩、带阻燃性能的口罩等。支撑3M平均每两天就开发3个新产品的强大动力正是来自企业日积月累、持之以恒的创新文化。

故宫曾展示的《清明上河图3.0》高科技互动艺术展演是由16台NEC PX753UL-BK+高端激光工厂投影机打造。NEC公司已有120年的历史，曾创造出诸多第一：日本第一台传真机（1928年）、日本第一台电子计算机（1958年）、日本第一颗人造卫星（1970年）……始于1979年的NEC显示器产品业务，如今拥有业界最全的投影机产品线、全面领军激光放映时代的数字电影放映机产品线，以及多项黑科技加持的工程液晶显示器和专业色彩显示器，这依靠的正是NEC对影像技术的不断创新和积累。

在新一轮全球科技革命的演进中，我们普遍希望甚至追求“弯道超车”的短平快，但科技创新背后需要大量的资金、人才甚至时间的投入和累积，无数高科技企业，特别是那些视创新为灵魂、将创新融入骨髓的百年老店，用一个个鲜活的例子告诉我们——创新，需要生态，需要精神，需要时间，更需要沉淀。

（本文发表于《发现》2019年6月智库版）

成功，不可复制

失败往往可以重演，成功却无法复制。进赌场连输三次，反而会保住万贯；进赌场连赢三次，注定会散尽家财。休谟说过，“一件事情发生后另外一件事情也会发生”的想法，只是我们心中的一种期待，并不是事物的本质，而期待心理乃是与习惯有关。成功的逻辑是失败、再失败、小成功、大成功；失败的逻辑是成功、再成功、小失败、大失败。轻易成功就注定会轻易失败，经过MBA不会游泳的游泳教练训练过的企业家，就更有这样的特质。

经验主义学派诞生于古希腊，距今已有2400余年的历史。经验主义（Empiricism）是一种认识论学说，认为人类知识起源于感觉，并以感觉的领会为基础，认为感性经验是知识的唯一来源，一切知识都通过经验而获得，并在经验中得到验证。模仿别人的成功，会助长“经验主义”倾向；迷信过往的成功，就会重犯“教条主义”错误。“经验主义”与“理性主义”孪生相对。

齐白石说过，“学我者生，似我者死”。《伊索寓言》《吴牛喘月》《驴子渡河》等都在讽刺经验主义愚蠢克隆的偏执思维。经验，总是过去成功活动的总结；教训，则是昨日失败事例的反映。

感性认识是认识的初级阶段，是客观外界直接作用于人的感觉器官而产生的，并且包括三种形式：感觉、知觉、表象，其局限性是只看到了事物的简单表面。理性认识是认识的高级阶段，是感性认识材料的抽象和概括，也包括三种形式：概念、判断、推理，其优点是可以找到现象背后的真实逻辑。

成功，需要天时、地利及人和等特定时期、特定背景及特定条件，存在必然性和偶然性离散测不准的深层内核。失败确实可以借鉴，成功不可以模仿。幸存者偏差是指，当取得资讯的渠道，仅来自幸存者时（因为死人不会说话），此资讯可能会存在与实际情况不同的偏差，这也适用于金融和商业领域的决策过程。存活下来的企业往往被视为行业成功者，它们的做法被争相效仿，而其实有些也许只是因为偶然原因幸存下来了而已。

人在主观上，要受到个人实践范围、思想能力、知识水平，以及立场、观点、方法等等的限制。人在客观上，要受到历史条件、生产发展水平、周期波动程度、科技发展状况、社会实践的广度与深度等等的限制。缺乏科学思维模式的原点、坐标和参照物限制前提，尺子的毫厘之差，会让结论谬以千里。

经验，只能用来解释昨天的成功，但不能包治当下的百病，更不能肯定每次登上泰山就一定能看到日出。在现实生活中，人的认识总要受到主观与客观因素限制，科学思维决定科学命运，其实崇拜成功还不如倡导宽容失败，往往失败的案例更值得借鉴和学习。

（本文发表于《发现》2019 年 8 月智库版）

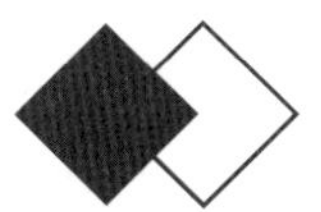

选择需要能力

吃萝卜还是白菜，是一顿晚餐的选择。生存还是毁灭，是关系永恒的选择。选择是困难的，而你还必须做出选择。不仅考虑时间成本，而且选择给你的机会多数仅一次。选择，往往比努力重要。

足球的“五四一”阵型信奉进攻等于防守，“一一八”布阵信奉防住就有胜算。但是，无论你是哪种选择，足球永远不过中场，即使每场都零比零逼平对方，你根本也没有最终胜利的机会。你选择与飞天茅台竞争，定价就一定要高过它，否则一亮相就猝死是大概率事件；你选择与老干妈竞争，价格就要低于它，一辈子就要停留在辣椒酱上；选择卫生巾品牌定位，就不要跨界卖口罩；选择洗涤剂生产企业就不该选择卖矿泉水。广告说，是世上最好的无人机，我宁愿说，是世界上最聪明的无人机。选择，无处不在，是你的选择，而不是你的能力，决定你成为什么样的人，或成为一支几流的团队。

法国科学家彭加勒说：选择什么做研究，是决定研究成败的前提。面朝大海，春暖花开，是海子的选择；人不是生来被打败的，是海明威的选择；人固有一死，或重于泰山，或轻于鸿毛，是司马迁的选择。

法国的一家报社举办有奖竞答，其中有一道题是：如果卢浮宫着火了，你选择救哪一幅画？最终，获得金奖的答案是，选择离门口最近的那一幅。所以说，选择是一种智慧。

选择是形成差距的主要原因。选择是一次又一次自我重塑的过程，如何规避成本太高的选择，成为一个非常现实的问题。学者郑也夫在《代价论》中说，得不偿失的代价，不是代价，不是交学费，是错误的决策。

皮洛士是古希腊伊庇鲁斯国王，杀敌一千，自损八百，他伤亡惨重，打败了罗马人，站在城头，望着尸横遍野的惨景，他说："再来一场这样的胜仗，我就完啦！"皮洛士的胜利，就成了"得不偿失"的代名词。

在设计学领域，有这样一个铁律：在设计阶段，多投入一块钱，施工阶段就可以节约一百块钱，使用和维护阶段，就可以节约一千块钱。

投资界都熟悉"复利"算法。爱因斯坦说过，"复利"是世界第八大奇迹。成败的关键还是选择：选时要准、选股要对、敢于满仓、拿住不卖。你把全过程都选对其实很难，难就难在对风险的预知。

任何选择都需要能力。在每一次选择，尤其重大选择面前，想想走好第一步金字塔铁律，想想皮洛士的感慨胜利。选择因喜好而自主选择，该付出的成本要付，该规避的成本要规避。无本得利，那是个例。

（本文发表于《发现》2019 年 9 月智库版）

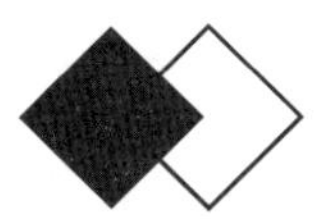

现代化该如何理解?

现代化，最早提出者C.E.布莱克（《现代化的动力：比较历史研究》）于1966年解释如下：“现代化是在可能对自然和社会现象寻求合理解释的创新意识中显示出来的。”塞缪尔·亨廷顿（《文明的冲突与世界秩序重建》）于1976年理解如下：“现代化是将人类及这个世界的安全、发展和完善，作为人类努力的目标和规范的尺度。”

党的十九届四中全会通过的《中共中央关于坚持和完善中国特色社会主义制度，推进国家治理体系和治理能力现代化若干重大问题的决定》，让“现代化”再次成为热词。

我国于1965年和1975年提出的“四个”现代化，指农业现代化、工业现代化、国防现代化和科学技术现代化，目标是通过“多、快、好、省”等制度安排来解放和发展生产力。四个现代化是相互联系、相互促进的，其中科学技术现代化是关键。

今天提出的国家治理体系和治理能力现代化，是否可以理解为坚持和完善中国特色社会主义生产关系以进一步释放生产力，进一步巩固和加强国家治理体系中的关系长板，也要补齐治理体系中的关系短板，并强调其中治理体系和治理能力同样重要。这一目标不仅仅是更大限度地继续解放生产力，更重要的是以人民为中心，不断满足人民对美好生活的期待，统筹经济、政治、文化、社会和生态文明协调共进，以全面实现富强、民主、文明、和谐和美丽的社会主义现代化强国为目标宗旨。

现代化，是满足人们对美好生活新期待的一个“集大成”的过程，现代化既是理论自新过程，更是一个实践自新的过程。当前的“现代化”思想一定是处在全球化、信息化、工业化、城市化等世界历史的普遍进程中，遵循文明互鉴，尊重百花齐放，突出制度优势。实现国家治理体系和治理能力现代化，必须依靠深化改革，必须继续扩大开放，通过最科学的依法治国的制度设计和调动各方最有效率的执行力来实现。

现代化，是一个系统渐进式不断优化的过程，是人类追求文明进步的过程，是人类认识世界中遵循矛盾论和实践论螺旋式升华思辨的过程。

现代化，只有起点，没有终点。国家治理体系和治理能力现代化是全新的系统工程，道路、理论和制度现代化是其灵魂，管理现代化和技术现代化是其双轮和两翼，文明和文化现代化则是其赖以生存和发展的基础，坚持党在现代化进程中的绝对领导地位，坚持和完善中国特色社会主义制度是其核心保障。

（本文发表于《发现》2019年12月智库版）

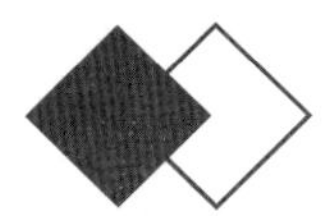

慢半拍的逻辑

中国从计划经济向市场经济过渡过程中，准确判断生产力和生产关系矛盾处在社会主义初级阶段且长期存在。改革措施遵循市场化规律，构建完善具有中国特色的以公有制为主体的社会主义市场经济制度。我以为慢半拍，常纠偏，在深化改革进程中解决改革过程中出现的深层次问题，这是中国四十多年改革开放取得世人瞩目奇迹的核心逻辑。

第一，农村经济体制改革，采取的是土地联产承包责任制，不是历史上一次性分田到户私有化做法，只是赋予承包经营权，不是给予土地所有权，不可以上市流通。目前的农村土地三权分置改革和集体建设用地市场化流转与上市交易，也是中国土地渐进式改革慢半拍逻辑的集中体现。农村经济体制分步骤分阶段改革的路径符合国情，为实现中国式农业现代化发展之路留下中国特色的制度接口。

第二，城市经济体制改革，采取国企或集体企业承包制或集体企业股份合作制，目前的国有企业改革采取混改试点在渐进式推进，也是中国国有企业不走一卖了之的慢半拍逻辑的集中体现，通过深化改革随时可以渐进式释放政策和财政红利。

第三，国有与私营经济的矛盾关系处置得当，优势民生领域大型央企和国企始终坚定全民所有制，全面体现国家意志和全民公益性优先国家治理体系。随着全方位市场化改革开放的深入发展，实现了自然资源、公共事业资产国有化等资产类保值增值同步增长的制度安排，为政府宏观调控留出足够财政能力和继续深化改革财政腾挪空间，为财政转移支付、补充社保费空缺、产业扶持政策引导、精准扶贫和缩小收入分配矛盾、集中财力办大事等留够政策工具。

第四，制度优越性进一步得到彰显，党的十八大以来提出的“五位一体”“四个全面”等系列政策，突出展示了战略和目标的稳定性、一致性和连续性，充分体现了中国共产党领导的政治制度稳定优势，充分发挥了社会民生领域的全局性、平衡性和协同性的综合能力。通过国家治理体系和治理能力现代化系统性改革，树立以人民为中心，坚持和完善中国特色社会主义制度，全面推进经济、政治、文化、社会和生态文明建设，用奇迹解释奇迹，让中国特色社会主义道路自信、理论自信、制度自信、文化自信更有说服力。

慢半拍，实事求是，不搞一步到位激进式私有化改革，笔者认为就是中国奇迹的核心逻辑。

（本文发表于《发现》2020年5月智库版）

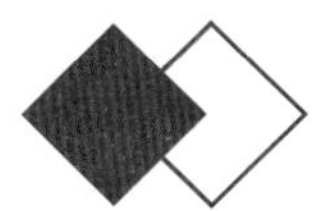

尊重基层首创精神

创新有个人公益型创新、个人趋利型创新、组织公益型创新、组织趋利型创新四种逻辑类型，科技理论创新的主体主要是体制内科研机构，而科技应用型创新的主体主要是企业和个人。理想主义者认为，真正的科学研究主要由好奇心驱动，研究者进行一系列的科学研究是因为碰巧发现它很有趣，而不管它的实用性，如果科学研究从实用性角度出发，则与“真正的”科学格格不入，甚至并不符合科学精神的要求。

然而，研究人员发现得以应用的研究更有可能对科学本身产生影响。路易斯·巴斯德主要关注食品安全等实际问题，然而，在他努力试图从牛奶中去除有害细菌时，他也同时洞见了现代生物学最重要的发现之一：细菌会导致特定的疾病。“巴斯德象限”寻求对科学问题的基本理解，同时也对社会有直接的应用价值。路易斯·巴斯德这种由科学驱动的调查并能够解决现实问题的研究被认为是这类方法的例证，它弥补了“基础”和“应用”研究之间的差距。

在科学研究中，有相当高的比例可以促进可用的实际进展。纵使大多数联系是间接的，但要相信基础研究与最终的实际应用之间存在着意想不到的巧妙联系。同时，与应用最直接相关的科学发现也对科学本身产生了意义非凡的影响。应以“巴斯德象限”模型推动理论研究和实际应用双向驱动，实现关键技术研究应用取得突破。

企业作为科技创新的主体，趋利是企业的天然追求，也是科技创新的最原始驱动力，应通过加大对企业投资支持、创新奖励、税收减免等措施增强企业创新动能。要充分相信人民群众的首创精神，营造良好的创新环境来激发全社会的创造创新能力。尊重基层和群众的首创精神，是我国改革开放取得巨大成就的重要经验，对于科技创新而言，基层的很多创新与“基础”的研究无关，但这些立足于应用的研究往往也能推动相关科学取得突破。

草根科技工作者是我国一个重要的科技人员群体，他们的发明创造往往并不“高大上”，甚至很多还有“异想天开”的成分，但他们的创新精神对于全社会创新氛围的营造不可或缺，他们在创新和探索的道路上走过的弯路也是我们重要的参考。重视科技创新不能忽略民间草根科技工作者的创新精神，应设立专项基金支持他们一些“漫无目的”的研究，应对他们的发明创造予以充分支持和尊重，对他们的科研成果加强宣传推广，帮助他们打通科技成果转化的“最后一公里”。

（本文发表于《发现》2020年7月智库版）

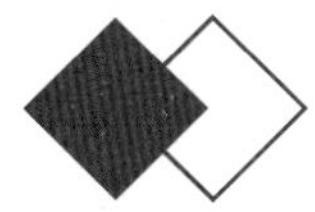

价值观：行动之源

2020 年 11 月 12 日，习近平总书记在江苏考察调研期间参观了张謇生平展陈，了解张謇兴办实业救国、发展教育、从事社会公益事业情况。习近平总书记来到南通博物苑，在参观张謇生平展陈时指出，张謇在兴办实业的同时，积极兴办教育和社会公益事业，造福乡梓，帮助群众，影响深远，是中国民营企业家的先贤和楷模。[①] 张謇（1853—1926）是清末状元，中国近代著名的实业家、教育家、慈善家、社会活动家，是位杰出的爱国主义者。他的道德观念、行为准则、高尚品质、理想追求，具有独特的文化标识：爱国爱民、创新务实、坚韧顽强。民生精神，被称为张謇精神。

处在百年未有之大变局的关键节点，在新时代、新发展理念、新发展格局、新的历史征程中，确实要总结和梳理改革开放四十多年来中国企业家成长的内心世界。在效率优先兼顾公平的历史进程中，企业家是先富起来的那部分人，先富起来的人如何在共同富裕的新征程中有所担当，对新时代企业的价值观、企业家精神还应赋予它什么更深层的思想内涵，是我们应该思考的问题。

---

①《张謇：中国民营企业家的先贤和楷模》，中央纪委国家监委网站，2020-11-13。

企业家定义，最早在18世纪30年代出现，认为把经济资源的效率从低提到高，就叫企业家。从某种意义上来讲，企业家其实是让有限的资源创造出更高、更大的附加价值的群体。德鲁克认为：企业家是这样一种人，他从来没有引起变化，但是他又总是把变化变为机会。

党中央、国务院曾以文件的形式，肯定民营经济的历史贡献，赞誉企业家在改革进程中的重要作用，鼓励弘扬企业家精神。企业家精神的最核心内涵是“创新”，创新动力之源是使命感跟责任感一起驱动的。因此，只有责任感还不够，应该有更大的使命驱动的力量，才可以始终保持持续创新的动能。

从哲学上讲，价值观是关于对象对主体有用性的一种观念。价值观体系是决定一个人行为及态度的基础。价值观是人用于区别好坏、分辨是非及其重要性的心理倾向体系。价值观可以自觉约束个人的思想和行为，企业价值观和企业家精神构成企业文化核心。企业精神：日本松下七条价值观念中第一条“工业报国”，卢作学倡导“民生精神”，基于“服务社会、便利人群、开发产业、富裕国家”为国为民的价值观念。开启全面建设社会主义现代化国家新征程历史起点，企业的价值观必须与党和国家人民福祉大局相一致。为人民服务，就集中赋予了企业家精神中爱党、爱国、责任、担当和使命的时代最核心内涵。

高尚的价值观塑造高尚的思想、高尚的情操、高尚的人格及高尚的行动。请务必重视，伪装的高尚“价值观”，往往比价值观缺失更可怕。

（本文发表于《发现》2020年12月智库版）

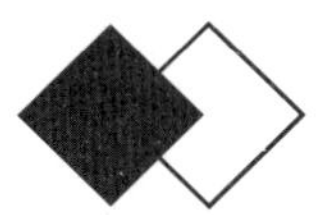

致敬科学精神

2021年2月22日，习近平总书记会见探月工程嫦娥五号任务参研参试人员代表并参观月球样品和探月工程成果展览，充分肯定探月工程特别是嫦娥五号任务取得的成就，同孙家栋、栾恩杰等院士亲切交流，并同大家合影留念。

习近平总书记强调："要弘扬探月精神，发挥新型举国体制优势，勇攀科技高峰，服务国家发展大局，一步一个脚印开启星际探测新征程，不断推进中国航天事业创新发展，为人类和平利用太空作出新的更大贡献。"①

探月精神本质上是追求真理、严谨敬业、一丝不苟、勇攀高峰的科学精神。孙家栋院士是我国人造卫星技术、卫星导航技术和深空探测技术的开创者之一，荣获"两弹一星"功勋奖章、"共和国勋章"、国家最高科学技术奖、国家科学技术进步奖特等奖等荣誉称号。栾恩杰院士直接参加或主持我国多个航天运载器型号和航天工程研制工作，在我国深空探测新领域的开辟及我国探月与深空探测工程的开创等方面，取得了一系列开拓性和创新性成果。

①《圆梦九天揽月 勇攀科技高峰——探月精神述评》，《光明日报》2021年12月8日。

因为中国科学家论坛的关系，我有幸与多位科学家近距离交流接触，在他们身上，我感受到了那种强烈的科学精神，这种精神引领我国科学技术从非常低的起点上奋起直追，一步一个脚印，不断取得突破和进展。在一些领域，我们迅速缩小差距；在一些领域，我们已并驾齐驱；甚至在一些领域，我们已经成为领跑者。感激一代又一代的科学家像蜜蜂一样勤恳和钻研，几十年如一日，像雄鹰一样勇敢而无畏，不断突破高峰。向伟大的科学精神致敬，这是我们建设世界科技强国最雄厚的力量源泉。

中国科学院大学教授李醒民认为，科学精神以追求真理作为它的发生学和逻辑的起点，并以实证精神和理性精神构成它的两大支柱。在两大支柱之上，支撑着怀疑批判精神、平权多元精神、创新冒险精神、纠错臻美精神、谦逊宽容精神。这五种次生精神直接导源于追求真理的精神。它们紧密地依托于实证精神和理性精神，从中汲取足够的力量，同时也反过来彰显和强化了实证精神和理性精神。

怀疑、实证、批判、创新都是手段，勇敢、冒险、谦虚、宽容都是态度，所有的表象和内核都指向科学精神的本质，那就是追求真理。只有以真理为出发点和终极目标，科学探索和实践才具备真正的意义。而反过来，急功近利追求经济利益和短期成效的科学探索过程可能会产生一些效果，但一定不具备长期价值，对科学也是有害的。

致敬科学精神，普及科学精神，传承科学精神，弘扬科学精神，我们的科学事业一定大有可为，必定大有可为！

（本文发表于《发现》2021 年 2 月智库版）

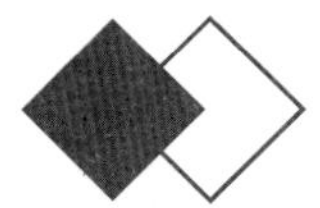

基础研究慢为上

基础研究是科技创新的源头，要大幅增加投入，中央本级基础研究支出增长10.6%，2021年的政府工作报告提到了该内容。基础科学研究是科技创新的底子和依靠，没有强有力的基础理论的重大突破，很难支撑高水平的科技研发和科技创新，高质量发展也就成了无本之木。

人类历史上发生过的三次重大技术革命都强烈地依赖于科学理论、基础研究的突破。第一次技术革命发生于18世纪60年代，主要标志是蒸汽机的广泛应用，这同近代力学、热力学发展有着密切的关联。第二次技术革命发生于19世纪70年代，主要标志是电力的应用，是电磁理论突破引发的成果。第三次技术革命始于20世纪40年代，是在相对论、量子力学等基础理论突破的基础上产生的，其主要标志是原子能技术、电子技术和空间技术的广泛应用。因此，基础研究的重大发现、理论突破往往孕育着新的知识革命，知识革命意味着知识体系、知识结构的大调整、大变革，必然将引发技术和生产方面的新发展。

基础研究的特点和规律也决定了不可能很快出成果，甚至不知道有啥产业用途和经济价值。基础研究讲究的是“慢功夫”，没有捷径可走，必须持之以恒，久久为功。

科学家有了良好的科研生态环境，才能静下心来，心无旁骛投入科学研究。2013年诺贝尔物理学奖得主彼得·希格斯（Peter Higgs）的家定格了20世纪70年代的生活状态。家里没有电视，也没有电脑，他甚至不怎么爱接电话。房间里古典音乐专辑和物理学术书籍严格按照字母顺序排列，整齐码放在书架上。他每周定期与外界交流的方式，是翻看订阅的几本物理学期刊。诺贝尔奖委员会通知他获奖用了很多种方式都没有成功，他还是从邻居的祝贺中得知自己获得了诺贝尔奖。

1964年，彼得·希格斯发表文章预言，存在一种能吸引其他粒子进而产生质量的玻色子，这种玻色子是物质的质量之源。但当时他的论文却被《物理评论快报》无情退稿了，也没有获得物理学界多少支持，直到48年后欧洲核研究组织宣布发现一种全新亚原子粒子，这种粒子与之前预言构成质量的“上帝粒子”，即希格斯玻色子特征“一致”。同样，屠呦呦团队于1972年发现了青蒿素，43年后，屠呦呦获得了诺贝尔生理学或医学奖。

基础理论的研究必须有良好的科研评价生态环境，宽容科研失败是不可缺少的激励措施之一。科研基金课题成果鉴定评价标准不能只有国际领先、国内一流、经济价值这一个维度，任何一项伟大的理论基础研究成功都是无数失败试验堆积起来取得的。

基础研究认知坐标系，不唯成功论英雄。慢一点、松一点、宽一点，乃为上策。

（本文发表于《发现》2021年4月智库版）

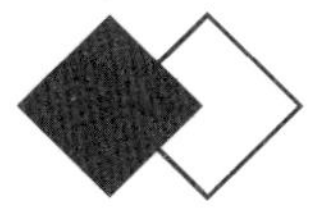

伟大难以“计划”

如果遇到一个难题，一般的处理办法是直接针对难题寻找对策。而在科学界，却有这样一个规律：要解决难题，不要想着直接攻克它，而是追求对自然的好奇，解决办法自然会出现。很多创新背后有一个共同点：是为了求知而得到的偶然发现，一开始并未带着任何应用目的。

X 光是由荷兰一位纺织商的独子威廉·伦琴发现的。18 岁时，他因拒绝举报同学画了一幅讽刺漫画而被学校永久开除，但他仍然坚持从事学术工作。1895 年，伦琴在维尔茨堡大学担任物理学教授时，正在研究阴极射线管中的放电效应。他偶然注意到实验室附近的荧光屏上有微弱的光，但此时阴极射线管是被黑色硬纸板完全覆盖的。一次，伦琴偶然将材料置于射线管前以测试其阻挡光线的能力时，他在荧光屏上看到了自己手的骨架。一两年后，X 光应用于医学。1901 年，伦琴被授予首个诺贝尔物理学奖。

青霉素首次出现在科学界的视野范围内，也是基于亚历山大·弗莱明（Alexander Fleming），一位细菌学教授，在偶然验证中得出的结论。而在弗莱明第一篇描述青霉素的论文成果问世时，他从未对其医疗用途抱有任何希望。整整十年后，霍华德·弗洛里（Howard Florey）和恩斯特·钱恩（Ernst Chain）才开始在牛津大学的实验室里研究溶菌酶及其细菌细胞壁。二人的发现历程在重温弗莱明关于青霉素的论文后，才逐渐明朗起来，他们很快发现了青霉素在医学上的巨大潜力，最终促成了包括大学、政府机构、基金会和制药公司在内的数十个机构的合作，最后消灭了细菌疾病。正如我们所知，弗莱明、弗洛里和钱恩共同获得了1945年诺贝尔生理学或医学奖。

2002年诺贝尔化学奖得主田中耕一本来学的是电气工程学专业，因为未能如愿进入索尼公司，无奈去岛津制作所成为底层的化学研究员。在一次测量维生素B12实验中，田中耕一因为太紧张失手将丙三醇（俗称甘油）当成了丙酮醇（一种微粉末的固形材料）倒进了钴粉末里，这可不是什么便宜的试剂。这时从小培养勤俭节约好习惯的田中决定将错就错，把测试进行到底。没想到竟然使生物大分子相互完整地分离了，因此发表了他人生中的唯一一篇论文——《对生物大分子的质谱分析法》。2002年，田中耕一与美国科学家约翰·芬恩因发明了“对生物大分子的质谱分析法”，获得了当年的诺贝尔化学奖。

2006年诺贝尔化学奖得主、世界顶尖科学家协会主席罗杰·科恩伯格认为，发现的本质是无法被计划的，它们来源于无目标的研究，来自意外的收获。但这一重要事实常常被渴望更多直接利益的人所遗忘，这也是基础研究遇到的困境。

探索欲和求知欲本就是人类本性的一部分，是物种进化的“催化剂”。少些计划、多些包容，赞美成功、宽容失败，伟大的发现和重大创新一定能结出更多“意外”的革命性果实。

（本文发表于《发现》2021年5月智库版）

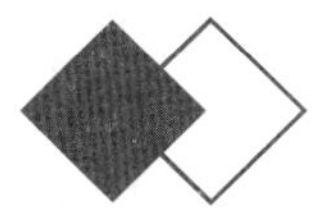

美国康宁：与生俱来的创新基因

位于纽约州北部康宁小镇的康宁公司，因生产特殊玻璃和陶瓷材料而闻名于世，《财富》杂志对其作出“美国国宝级科技研发巨擘”的评价。拥有160多年创业史的美国康宁公司其知名度在中国并不高，康宁在特殊玻璃和陶瓷材料的制造上处于绝对国际领先地位。人们都知道灯泡是爱迪生通过不断地实验发明的，但很少人知道第一个为灯泡提供合适玻璃外壳材料的就是康宁公司。

世界级开创性创新的案例比比皆是，但是，在创办的100年间康宁基本聚焦玻璃本业创新拓展。除了灯泡玻璃外罩材质（1879年）外，康宁公司还研发并量产了千家万户的显像管（1947年），使光纤通信得以广泛应用的世界第一根超低耗光缆（1970年）。而最富传奇色彩的故事，就是被乔布斯选中成为第一代苹果手机玻璃面板的金刚级“大猩猩玻璃”。

2006年，乔布斯在第一代iPhone发布前一个月，因为iPhone最初采用的塑料面板不耐划而大发雷霆，他找到了康宁公司，要求康宁在短短几周内提供坚硬耐磨的玻璃面板。康宁顶住巨大压力，打造出了一种既轻薄又坚硬的屏幕玻璃，这就是被誉为大猩猩玻璃面板的由来。其实，20 世纪 60 年代康宁公司就研发出了这种非常结实的玻璃材料，原先被用于制造汽车挡风玻璃和监狱窗户，但当时因找不到市场就停产了。但现在它是 30 亿台智能手机和平板电脑的外保护层，康宁公司可以从每一块玻璃屏上获得 3 美元的收入。

康宁，始终相信“耐心资本”

早在 160 年前，“耐心资本”这四个字就开始贯穿康宁发展的始终。康宁 CEO 温德尔•威克斯（Wendell Weeks）说，康宁公司相信“耐心资本”，即使它无法短期快速获利，也无法验证该技术是否可行。康宁故事，即新发明被束之高阁几十年，直到合适的时机出现才重见天日。抗风化的硼硅酸盐玻璃原本被设计用来制造铁路信号灯罩，但它催生出了派热克斯（Pyrex）耐热玻璃厨房用具。康宁公司发明了一种名为 Pyroceram 的微晶玻璃技术，它曾被用于制造康宁餐具（CorningWare）品牌的砂锅以及导弹的鼻锥。

康宁启动光纤的研发是 20 世纪 60 年代初，到了 70 年代中期经济萧条，光纤市场远未形成，康宁不得不解雇大批员工，同时康宁在美国唯一的潜在用户美国电话电报公司（AT&T）预测 30 年后才会有光纤的需求。但当时的总裁小爱默瑞高瞻远瞩，果断建厂，1981 年康宁在光纤行业的布局已经完成，此时共投资超过 1 亿美元，却无任何收入。但 1995 年光纤市场飞速发展，由于超前的战略布局，康宁很快就击败了众多强大的对手，从而在此行业独占鳌头。

无独有偶，在 LCD 显示器领域，康宁在 20 世纪 80 年代初开始研发，初时就创造出一种新工艺能够形成超薄、超平整的玻璃界面，远优于竞争对手。但直到 90 年代中期，康宁预期市场的需求才爆发。这一次又因早已布局，一举击败日企成就霸业。在超过 15 年耐心投资后，LCD 业务终于在 1999 年为康宁带来丰厚的利润。康宁公司将 8% 的销售额作为研发费用，这其中的 80% 份额用于目前公司最主要的三大技术领域、四项工艺和五个市场。

绝对大股东的沉稳、果敢和魄力风格是康宁持续成功的核心原因，这种注重长远的管理理念和战略风格在全球企业界绝对是一个异类，实际上这与霍廷家族多年掌控康宁有直接的关系。虽然康宁在 1945 年上市，但绝大多数股权仍为霍廷家族持有，只是 2000 年后，家族持股才被慢慢淡化，但霍廷家族仍对康宁有着深远的影响。

康宁，始终与创新者为伍

在沃尔特·艾萨克森（Walter Isaacson）撰写的《乔布斯传》中，记载了苹果已故联合创始人乔布斯给温德尔·威克斯打电话的故事，乔布斯告诉后者他正在为自己名为 iPhone 的新设备寻找一种玻璃保护屏。这段故事现在成了科技界的传奇，尤其是故事中乔布斯在 iPhone 上市销售那天给维克斯写了一张便条，上面简单地写着："没有你我们做不成这件事。"在温德尔·威克斯办公室寥寥可数被加上外框的纪念品中，这张便条就是其中之一。

康宁始终愿意与最优秀的创新者为伍，这已经融入了康宁的文化基因。康宁在大猩猩玻璃之后又推出了一种新的神奇材料，叫作 Willow 玻璃，这是一种厚度小于纸钞的超柔型玻璃，它可以通过一种低成本的工艺进行生产，成品可以卷起来形成一个巨大的卷轴。它被人津津乐道的潜在用途包括可以环绕摩天大楼的超薄显示屏、电子阅读器、太阳能电池和可穿戴式计算设备。

康宁非常重视科学家和技术人才，并将他们视为公司的重要财富。在前往熔融实验室的走廊墙上，来自各个国家及地区、获得不同奖项的科学家与技术人员照片一一摆放，让人感受到整个公司对知识和人才的尊重。并且，康宁与其他企业不同的是，允许同时聘用夫妻两人为员工的做法。如果员工配偶无法在公司内找到适当的工作，康宁就帮助配偶在公司附近找工作。如此，优秀的人才就不会因为配偶无法在附近找到适当的工作，或是配偶换到其他地方工作而离开公司。

康宁，始终随时变革自我

康宁的持久昌盛还源于自我主动式“壮士断腕”的气魄。从康宁一路走来的经历不难发现，它在过去曾多次重新塑造自己，进行深度战略转型。就如维克斯所说，一个企业只有随时有决心、魄力，同时有能力进行变革才能维持长久优异的市场表现。

康宁最初是以生产专业玻璃起家，为铁路和航海提供信号灯玻璃。其后，它推出一系列极其成功的耐高温玻璃餐具，从而走入美国的千家万户。进入 20 世纪 50 年代，康宁成功地在电视显像管领域建立了全球市场的领袖地位。除了在材料领域不断突破之外，康宁还在 20 世纪 80 年代建立了利润丰厚的医疗测试部门。但是，这些业务曾经的辉煌并没让康宁对其有所留恋。一旦环境变化，康宁就毫不迟疑地对自身进行深度变革。例如，在看到了日本彩电企业的兴起后，康宁于 1988 年将曾经贡献 75% 利润的彩电显像管部门悉数售出。1996 年，康宁意识到医疗测试部门虽然贡献了 27% 的利润，却无法和其核心技能形成增益效应，便将其果断割离。而康宁在美国最广为人知的玻璃餐具部门，也在1998年被卖掉。曾经液晶玻璃业务在康宁2012年76亿美元的销售收入中占到了近三分之一，对其16亿美元利润的贡献度高达78%。康宁公司今天聚焦在显示技术、光纤电缆、环境技术和生命科学四大领域，目前的市值约270亿美元，在福布斯500强榜单上排名343位，在中国大陆的投资已超过40亿美元，共建立18个业务运营公司和工厂，以及一座康宁中国研发中心。

创新，原始创新，上下期待在关键领域关键环节要有突破性重大科学技术创新，在我国社会各个层面受重视的程度可谓前所未有。但真正支持创新、热爱创新、拥抱创新的社会氛围还没有完全形成。尤其是作为创新的主体——企业，能将创新融入企业文化和血液中的少之又少，康宁公司始终相信"耐心成本"、与创新者为伍、敢于自我革命的创新文化值得中国企业研究和借鉴。

企业家精神中创新文化基因才是企业长久不衰的根本源动力，市场有追求，资本有追求，企业家有追求，科学家以及社会上每一个员工都有创新至上的文化追求和氛围，国家和民族就一定有未来。希望中国培育出"康宁公司"基因文化，更多的中国式"康宁公司"出现，推动我国早日建成创新型国家和世界科技创新强国。

（本文发表于国务院发展研究中心《经济要参》2019年第1期）

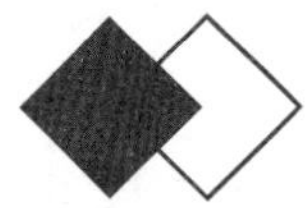

形而上，为学之上

哲学就是对立统一式捉对子。如辩证法和形而上学，主观和客观唯心主义思辨等。各自不存在绝对的对和错，都试图从不同的视角认识自然世界本源和人生的意义。如何讲好中国故事，传递好中国声音，成为哲学社会科学要解释并回答的问题。科学技术界，如何实现高质量自立自强原始创新，成为自然科学界要解释并不可回避的问题。我们哲学印象最深的是“唯物与唯心主义”“辩证法与形而上学”对立。

哲学是关于自然、社会和人类思维的一般规律学说。自然科学探索这个世界的内在规律，试图从数据上给出十分明确的答案或结果。哲学是从宏观的角度看世界提出问题，而自然科学是从微观的角度看世界回答问题。哲学与自然科学关系聚焦在方法论范畴，更多表现为倡导科学精神与对真理的追求思维工具上。

美国学者卡尔·G.亨普尔所著一书认为，自然科学的哲学是人类认识世界的两种互相区别、互相联系的形式。自然科学作为知识体系，总要求助于一定的理论思维形式，并在自己的理论结构中包含某种世界观因素。哲学作为世界观和方法论，又不断地从自然科学中吸取营养，随着科学的发展而发展，并反过来给科学以积极的或消极的影响，自然科学与哲学是历史的必然相互联系。

让人疑惑不解的是，唯心主义者在现代科学理论和科技革命中的重大贡献远远大于唯物主义者，是否与我们把“形而上学”被“辩证法”方法论贬低化有关呢？

人们提到的“形而上学”，在《易经》中的表述为“形而上者谓之道，形而下者谓之器”。“形而上学”的中文概念是日本哲学家井上哲次郎翻译的，严复翻译成为“玄学”，实际上原文“metaphysics”直译的话是“在物理学之后”的意思。如果我们读成“形而上/学”，那么就是名词，即本意为“道”，“玄学”，就是“哲学”之类的思维领域概念。如果整体读成一个成语“形而上学”，那就是一个形容词，形容死板、不变通、一根筋的特质。因为唯物主义和唯心主义的天敌性，引申到近代中国哲学中来，“形而上学”的朴素本意就被“哲学”词汇代替，反而成为唯心主义方法论的代名词，从而不断被批判，随着思想下行、通俗化，被贴上“教条主义”的贬义标签。

从理论起源来说，“形而上学”是指超越物理认知的、超越客观世界的一些知识观点。甚至可以认为人类超出“形而下”这个现实世界的学问，就是“形而上学”，这不就是哲学嘛？在普通人眼中，这世界是科学、哲学、神学三大理论层次覆盖知识面，但是在哲学家眼中，这世界只分为物理学和超越物理学的知识，即可知与不可知。

19 世纪唯心主义顶峰时期代表人物德国哲学家黑格尔将“metaphysics”表述为两层含义。一种是方法论，即孤立静止片面的观点看问题的方法。另一层意思是把人类世界的一切知识用一种哲学去全部概括，即把形而上学看成是“知识的汇总”的观点。

哲学是提问的学问，科学是解答的学问，提出不准确的问题比提供完美的答案更珍贵。当前，要准确把握新发展阶段，深入贯彻新发展理念，加快构建新发展格局，贯彻以问题为导向的科技自立自强科技创新战略，不仅仅是技术本身的问题，要追究科学哲学本源的问题，要进行一场中国式哲学本源认识和哲学教育体系的集体深刻的反思。

（本文发表于《发现》2021 年 6 月智库版）

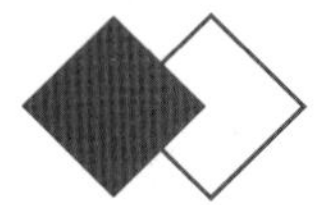

伦理，人性之光

2000 年，《三联生活周刊》报道过一个真实案例。弟弟为给哥哥交大学学费而去偷钱，哥哥却为减轻弟弟的罪责，帮助警察把弟弟送进了监狱。现实的、鲜活的道德纠结和道德判断孰对孰错，不免就把人带进道德伦理的思考隧道。人性理论是伦理学的前提和基础，人应该做什么，应该如何把对的做对之实践哲学，是一种特殊的人学，也是道德人性或道德生活中人的本性。《泰坦尼克号》电影中所彰显的船长爱德华・约翰・史密斯普世人类中人性光芒，证明了人性崇高而纯洁之光道德伦理的胜利，而让谁先下船逃生成为讨论的道德伦理话题。

哲学是伦理学的基础，伦理学是哲学关于人性本身的分支科学。伦理是人们心目中认可的社会行为规范，是人与人相处的道德准则一系列指导行为的观念，是从概念的角度对道德现象的哲学思考。古希腊时期的普罗泰戈拉做出过“人是万物的尺度”的论断。因人本身具有双重性，如有生命的个体性与融入群体的社会性。人类不同文明的伦理思想核心逻辑基本是一致的，认同自我与他者的关系是一种伦理关系，认可自我要对他者担负起永恒的伦理责任。同时人又具有理性有限性和人的同情心有限性，所以需要进行伦理道德体系构架及道德伦理价值标准判断。

美国《韦氏大词典》对“伦理”定义：一门探讨什么是好，什么是坏，以及讨论道德责任和义务的学科。伦理，汉语词意思是人伦道德之理，指人与人相处的各种道德准则。该词在汉语中指人与人的关系和处理这些关系的规则，如：“天地君亲师”为五天伦。行动上没有对别人的肉体与精神造成伤害的行为，合人情合人理的行为，才是伦理。世界上的几大文明古国伦理思想的产生、发展各有其自身相对独立的历史。中国古代儒家伦理思想传统，“仁”为核心，以“孝”为主要内容；古希腊罗马西方伦理思想更强调“个人幸福”；古埃及、古印度伦理思想，更关注“人生意义”和“人精神生活”。虽然人类因客观因素影响各自都有自己的伦理学派，总体上东方和西方伦理思想的核心支柱即“仁、孝”和“善、真”。

哲学家列维纳斯在《伦理学作为第一哲学》中直言，存在的意义问题不是理解存在动词性含义的本体论，而是存在的正义的伦理学。伦理学研究的是一个特殊社会现象领域，主要揭示社会道德关系的性质及其发展规律。蔡元培在1937年开山之作《中国伦理学史》中说，“盖伦理学者，知识之经途，而修身书者，则行为之标准”，也大赞中国古代伦理学成就为“我国唯一发达之学术矣”。北大哲学家何怀宏教授认为，伦理学不是个人闭门修炼之修身学，而是思考方式的道德选择。伦理学不仅仅是道德行为准则，而且是理性人理性的道德选择和思考方式，探索什么是真正的道德行为。

通过探讨“民为贵，社稷次之，君为轻”伦理哲学层面的命题，也有利于理解“江山就是人民，人民就是江山”政治伦理学内涵。伦理学，应该就是在所倡导的人性中理性、正义、和谐的本能自洽。帮助他人幸福自己真正的道德情操和道德示范，有利于全面理解“人类命运共同体”“生态文明”等新时代社会和自然伦理的哲学深意，树立并践行和平发展，共享未来人类命运共同体的最高追求和高尚情怀。

（本文发表于《发现》2021 年 7 月智库版）

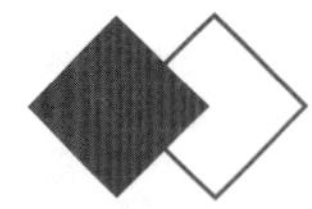

人文，人之道也

北宋时期，程颐在《伊川易传》第二卷将“天文”“人文”解释为：“天文，天之理也；人文，人之道也。天文，谓日月星辰之错列，寒暑阴阳之代变，观其运行，以察四时之迁改也。人文，人理之伦序，观人文以教化天下，天下成其礼俗，乃圣人用贲之道也。”

古代炼丹家树立了一个远大理想：长生不死。在今天，科学家表示，使人类寿命延长至数百岁在技术上已并非不可逾越的障碍。炼丹术也许在那时是唯一最接近现代科学的科学。青铜器冶炼技术成为人类进入文明门槛的重要标志之一。所以，没有科学技术的进步就没有人类文明源头，人类就不能真正认识世界背后的运行逻辑。然而，科学技术如果没有人文，人类文明也许必将自我走向毁灭。没有科学的人文是残缺的人文，没有人文的科学是残缺的科学，科学中有人文的内涵与精神，人类才会安全可持续发展。科学回答的是“行不行”“能不能”的问题，人文要回答的是“应不应该的问题”“应该是什么”以及“如何做”的问题。人文对科学而言，为科学导向，为科学提供精神动力。科学是天道，人文是人道。

科学与人文相生相克，相互纠缠，相互激励，人类文明才会沿着正确的方向前行。

提到“人文”，就联想到人文精神、人文关怀、人道主义等概念。东方人文的最高人性是“仁”，教化的方式是“礼”，表现的方式是“动之以情”；西方的人文最高人性是“自由”，教化的方式是“理”，表达的方式是“晓之以理”。其实，西方文艺复兴运动的核心思想就是人文主义，以人性反对神性，用人权反对神权。整个运动肯定了人的价值，重视人性，提倡科学方法和科学实验，从而推动了17世纪自然科学的诞生。人文思想的核心是“人”，以人为本，关心人，爱护人，尊重人。洛克第一次提出了“人本位”的启蒙思想，为人类在科学与人文架起一座桥梁，科学为人文提供了理论武器，而人文为科学提供了发展方向，使科学为人类谋幸福。

人文情怀，人道主义，人文传统文化精髓强调“文以人为本，人以文为质”。人文精神，主要聚焦文化中先进和核心的部分，为先进积极向上价值观的规范，对人生命的尊严、意义及价值的理解。人文本体成为人文精神的核心，实现人的自我认识和人类自身的自我关怀，同时也是决定了人文世界朝着正确方向发展的客观依据，从而寻求并实现人身心全面价值的终极体现。

从哲学意义上来讲，如何“认识我们自己”是人文精神的起源。苏格拉底的“认识你自己”这句话是刻在德尔斐的阿波罗神庙的三句箴言之一。“认识你自己”这句话，让人们从精神层面认识了人之所以为人的特质，即道德与知识。他认为人必须具有知识，才能达到善为，无知是一切罪恶的首要根源。对于科学人来讲，人文与科学的关系，就是道与术的关系。有道无术，成事不足；有术无道，败事有余；道术兼备，方成大事。

拥有并放弃1000多项专利权，最后破产的尼古拉·特斯拉，他是美国历史上最伟大的物理学家之一，是发现和发明交流电、无线电、无线遥控、火花塞、收音机、雷达、传真机、真空管等一系列新技术的科学家。他曾经说：我可以把这个世界劈开，但我永远不会这么做，我的主要目标是传播新的设想，让它们变成现实，我非常希望它们能成为未来研究者的一个起点。

（本文发表于《发现》2021年11月智库版）

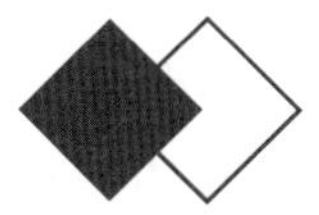

慈善的逻辑

莎士比亚说，慈悲不是出于勉强，它是像甘露一样从天上降下尘世；它不但给幸福于受施的人，也同样给幸福于施与的人。真、善、美与假、恶、丑，本身就是一个哲学问题。亚里士多德"善"的感觉论、苏格拉底"善"的知识论和柏拉图"善"的理念论，对今天道德哲学的研究具有重要的启发意义。19世纪，卡内基在《论财富》中写道，把多余财富作为遗产让亲属继承，虽是人之常情，却往往给接受人带来利少弊多的影响。最近，随着"第三次分配"作为实现共同富裕的重要手段之一，"慈善"一词在社会上又热起来了。

慈善是仁德与善行的统一。在中国典籍中，"慈"是"爱"的意思。《左传》："慈者爱，出于心，恩被于业"；又曰："慈为爱之深也"。"善"的本义是"吉祥，美好"，《说文解字》中释为"善，吉"，后引申为和善、亲善、友好之意。中华慈善总会创始人崔乃夫解释什么叫慈善，他认为，父母对子女的爱为慈，人与人之间的关爱为善，慈善是有同情心的人们之间的互助行为。怀有仁爱之心谓之慈，广行济困之举谓之善，扶助弱势群体如鳏、寡、孤、独、病、幼等。再如"慈幼""养老""赈穷""恤贫""宽疾""安富"，意思是关爱儿童、老有所养、救济穷困、抚恤贫苦、优待残疾、安抚富人等构成现代慈善的具体内容。“安富”这个观点独特，意思是富人也需要被慈善。是的，任何人都需要被关爱和被温暖。慈善一词，翻译成英文为“Philanthropy”，源于古希腊语，本义为“人的爱”，大约从 18 世纪开始使用。还有一词“Charity”也是慈善的意思，该词可以追溯到公元前，其本义为“爱”的意思。

苏格拉底认为，对于任何人有益的东西对他来说就是善。他甚至将善的知识称为“一种关于人的利益的学问”，“一切可以达到幸福而没有痛苦的行为都是好的行为，就是善和有益”。他所指的善，在希腊文中本来就有好、优越、合理、有益、有用等含义。他还认为：美就是善，美德就是善。善行、善事必有善主，恶行、恶事必有恶主。善主、善行和善事中必然包含着善，恶主、恶行和恶事中必然包含着恶。

关爱水平是一个社会文明进步的重要标志之一。但丁说，爱是美德的种子；泰戈尔说，爱是理解的别名。慈善是社会稳定的减压阀，是社会和谐的平衡器，是缩小贫富差距及共同富裕的有效途径。统观善、慈和慈善的本质，爱或关爱是慈善本质和善行的源泉。人与人心灵间的同情、扶助与相互温暖也许才是慈善的灵魂所在。慈善是一个精神系统而不仅是一个物质转移系统，捐款仅仅是慈善的重要表现形式和释放善意有益的行为之一，而不是人类慈善事业的全部内容，慈善其实就在日常生活中人与人相互关爱，在平常日子里举手之劳间释放善意和善行。

（本文发表于《发现》2021 年 12 月智库版）

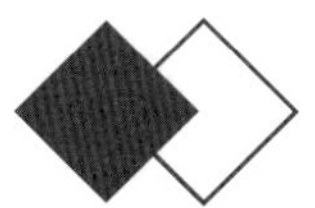

参照系，话语体系原点

参照系，原本是一个物理学名词，指研究物体运动时所选定的参照物体或彼此不做相对运动的物体系。牛顿力学定律把参照系分为惯性系和非惯性系两类。参照系的基本概念是与参考体相固连的整个延伸空间。

电话恋爱约会的常识技巧大概是这样的内容："啊啊，翠花，今晚五点五十九分，在光华电影院右侧小树林路边的第一个电线杆下面，咱们不见不散。"你看要素不少，但缺一不可吧。在高速公路上，车辆出现状况要报警到底分几步。第一，拨打报警电话；第二，说明你的准确位置；第三，报出车号并明确是否需要救护车。在你和警察之间的通话过程中，对于事故车辆所处精确位置又如何确定呢？首先，就是在同一个共识位置坐标体系下，搭建你和警察之间通话不会误会的话语体系。高速路上右侧护栏上的不间断竖立的公里牌和百米桩的绿色提示牌，这套路标逻辑就是基于构建高速公路网定位的坐标体系外在的符号。千万不能忘了，高速公路分为正反两个车道，你还必须报告事故车辆的当前行驶方向。如果没有这个坐标和体系的统一构架，可想而知，你和警察如何对话呢？

话语，是人类交流彼此取得明确表达要义的前提条件，是言说和听说主体间沟通交流的言语行为，顺利准确达成彼此之间在特定语境中通过语言符号系统而进行的思想或精神沟通。话语体系，是主体通过系统共识约定的语言符号，并按照一定的内在逻辑来表达和建构的结构完整、内容完备的言语体系。话语体系不仅是语言符号体系，更是言语内容和理论知识体系。

地球上的经纬度空间定位以及大地测量需要地理坐标，地球空间位置约定的理论基础是大地椭球形及大地测量公认的坐标体系。在数学上，数轴上原点为0点、正方向、单位长度并称为坐标的三要素，三者缺一不可。在二维直角坐标系中，原点的坐标为(0,0)，而在三维直角坐标系中，原点的坐标为（0,0,0）等。究其理论根源，坐标是将代数和几何联系起来，使得对自然能够进行数学逻辑化、形式化描述。从本质上来讲，坐标是一种相对位置的共同话语体系的约定。坐标系，为了表示质点的位置、运动的快慢、方向等，必须选取其各主体共识的参照系。在参照系中，为确定空间一点的位置，按事先约定方法选取的有次序的一组数据，这就叫作“坐标”。在某一问题中规定坐标的方法，就是该问题所用的“坐标系”。世界民族文明之间的对话、东西方哲学社会科学体系的对话、司法审判和法庭辩论实践、企业与社会及用户之间的互动、人与人之间的日常交流等都需要共识话语体系。任何抽象的概念，都是参照于其所属坐标系存在。同一个事物在不同的坐标系就会有不同的抽象概念表达。在一个频道或不在一个频道上对话，彼此交流或辩论的效果会截然不同。

科学讲逻辑，万事存逻辑。大人是孩子的参照坐标，老师是学生的参照坐标。历史是时代的参考坐标，哲学是人生的参考坐标。其实，找到坐标系的原点很重要。比深刻思考更重要的是建立独立思考的正确的人生认知坐标，必须具备找到且找准人生、坐标和话语体系参照系原点的能力，才能知其然，又知所以然。

（本文发表于《发现》2022 年 4 月智库版）

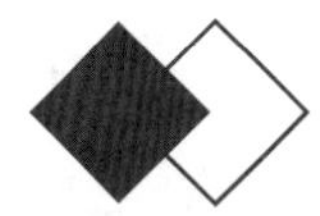

定义，学问的基石

有一次，到河北固安一家有二十多年研发无人机历史的民营企业参观考察时，看到墙上企业的目标愿景：做世界上最好的无人机。座谈时，企业老总和团队让我参观后提点建议。我说，建议改一下目标愿景，可否改为，做世界上“最聪明”的无人机。

其实，任何一家企业都不会说自己做的是二流产品。还有一次，到山东齐鲁石化产业基地考察，调研一家亚洲最大、世界知名的做催化剂的民营企业，性格内敛的博士老总让我提点建议。我说，把企业定位在“我们是‘等号’之上的企业”。“等号”，就是化学配平方程式上要标注反应过程中不能缺少的催化剂，不参与左右，但缺我不可。准确的概念定义，找准自己的独特定位，明确自己内涵外延的边界，才知道你是谁且为什么。企业文化也好，企业战略也好，企业的精神也罢，就会与众不同，就会个性鲜明，就会明确使命，聚焦焦点。

词语被称为语言的基石，而逻辑的基石是命题。D.Q.麦克伦尼有句名言：通常，一个词语的使用越普遍，它的含义就越模糊。在他的《简单逻辑学》一书中表述了在逻辑学当中，陈述有其特殊的定义，只针对可以做出真假判断的命题，它是语言上的特殊表达方式，也是交流辩论传播过程中顺畅无误的话语体系的基础。简单、准确、科学的概念定义是一切大学问、大问题和大智慧的基石。定义的能力是大学者必须具备的，也是区别大小学者的最简单的试金石。

治学为生者，没有自己的定义，就不可能创建自己的科学理论体系。例如，数学是研究数量、结构、变化、空间以及信息等概念的一门学科，是人类对事物的抽象结构与模式进行严格描述、推导的一种通用手段，所有的数学研究的对象本质上都是人为定义的。定义，确认一个认识对象或事物在有关事物综合分类中的内涵、外延、地位和界限，使这个认识对象或事物从有关事物的综合分类系统中突出彰显出来的认识行为，从而实现认识主题使用判断或命题的语言逻辑形式。初中数学教材中命题的概念表述为："判断一件事情的语句"；高中数学教材中定义又表述为："可以判断真假的语句"。命题，是指一个判断（陈述）的语义（实际表达的概念），这个概念是可以被定义并观察的现象。命题不是指判断（陈述）本身，而是指所表达的语义。其实，数学、物理、化学等学科中的定义、公理、公式、性质、法则、定理都是人为的命题。

一切人类的学问、学说、体系，均必须拥有自身重要的概念、判断、推理。要敢于拿出命题，要准确给出定义，定义和命题决定于人类对自然真理的发现，有了发现才可能会有学问，才能成为学说最重要的基石。然后才可能促使人类进一步发现规律、创造逻辑，有了规律，才可能会有判断的根据；有了逻辑，才可能会有推理创新的根据。

被誉为“几何学上的哥白尼”——俄国数学家罗巴切夫斯基在《泛几何》一书中提出了惊世骇俗的结论“平行线可以相交”。这一理论不仅引起了学界的抵制，他本人也因违背欧式几何学被质疑和谩骂，最后郁郁而终。然而，12年后的1868年，一位意大利的数学家贝尔特拉米却证实了罗氏几何（非欧几何）的科学性，人类从此开启了微分几何、黎曼几何、相对论等几何学的新时代。

而这一切，在从无到有的本体论形成的意义上来讲，是源自最基本的东西，即命题的定义。如果没有这块基石，就将不会有一切，即不可能会有判断性的规律知识，更不可能会有推理性的逻辑智慧。无数的真理终究可以击败所谓的“公理”，科学本就需要不断地质疑、探索，才能得出新的结论。

（本文发表于《发现》2022年7月智库版）

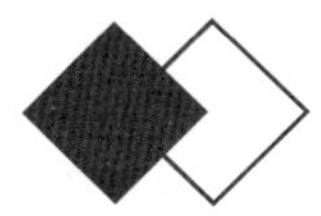

问题，打开问题的钥匙

苏格拉底说：人类最高级的智慧就是向自己或向别人提问。雅克·阿塔利说："我要成为什么样的人"，这一问题是唯一有价值的问题。确实，当一个人遇到问题时，本能的反应都是急于先去寻找答案。可以肯定，问题导向是一切创新创造思维的起点，往往能提出真问题比找到好答案更有价值。如果能接连提出正确的问题，终极答案自然而然就会出现。在《论语》中，孔子曰：吾有知乎哉？无知也。有鄙夫问于我，空空如也，我叩其两端而竭焉。

敢问问题，会问问题，至关重要。爱因斯坦说过：如果我必须用 1 小时解决一个重要问题，我会花 55 分钟考虑我是否问对了问题。陶行知也说过：发明千千万，起点是一问。所以说，人类的哲学史、思想史、文明史及科学发现和科技进步的历史就是不断提出问题，解决问题，再提出问题，再解决问题的不断迭代提升进步的历史。

问出有价值的问题，非常难能可贵。埃利·威塞尔说，"问题"（question）词根就是"探索"（quest）本意，我太喜欢这个词了。德鲁克说，最重要且最困难的工作并不是找到正确答案，而是发现正确的问题。埃隆·马斯克也曾说，在很多情况下，提出问题比找到答案更难。如果你能提出正确的问题，那么答案自然而然就出现了。有一本书是赫尔·葛瑞格森写的，书名就叫《问题即答案》。倡导用头脑问题风暴形式以帮助大家找到问题的关键所在，并从问题本身找寻力量，重塑内在的思维模型，打破认知束缚和顽固思维定式，获得从更广阔的提问维度去寻找答案的勇气。作者总结出观点，答案终究会获得，但获取问题答案的思维方式和思维过程却不可多得。

提出问题，从而提升人的认知。“存在心理学之父”，也是人本主义心理学的杰出代表罗洛·梅有句名言：“问题即预言。”当代著名科学哲学家，新历史学派的代表人物拉里·劳丹也说过，“科学的主旨在于解决问题”。普遍共识，问题的心理起点是怀疑，问题得到解决就创造了价值，用问题推动人思想理念的不断更新。当今，众多学者论著里仅仅有观点，而伟大著作中到处充满的是问题。找出问题症结是什么、为什么，比找出问题本身的答案更难，要找出值得研究的问题则更是难上加难。任何问题都是以眼前为基础，把历史和未来联系起来，把已知和未知联系起来，把认识和实践联系起来，把理论和观察联系起来。问题是根据已知，求其未知，根据所思，求所未思。它既是终极认知的终点，又是提升认知的起点。

我们可以反过来看问题。不把问题看作是解锁答案的钥匙，而是把答案看作是下一个新问题产生的引子，也许下一个答案就会更让你惊喜或更让你质疑。可以说，问题才是解决问题的钥匙。一问接一问，继续追问下去为什么，答案真的就在那里。总之，解决问题的路径不应一头埋入解决问题的过程之中，而是要先停止下来思考问题的症结和逻辑本质。其实，比起解决问题，更需要有提出正确问题的能力和思维路径。鼓励质疑，善于提问，尤其敢于向经典质疑，不惧向权威挑战，这应该是理性人的应有特质和智慧人的应有本性。

创造型人才培养，从会提问开始。从创造性思维的角度来看，提出问题有时比解决问题更为重要。大胆的设想和质疑是解决问题的有效方法，也是任何发散性思维和颠覆性创造的起点。历史不断地被证实，也必将会再次证明，每一个事后被证明是伟大的答案，往往都起源于一个绝妙的问题。好问题，胜过完美答案；好问题，本身就是答案。

（本文发表于《发现》2022年9月智库版）

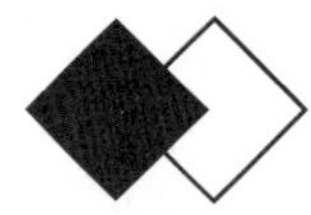

向左，一直向左走

世间万物，有本有末，有始有终，有因有果，知道了什么是其果的必然根本和必然起始之因，就实现了“格物致知”的理性追求。《礼记·大学》：“致知在格物，物格而后知至”。格，指推究；致，指求得；意思是推究事物原理，从而获得真知。当你理解了格物致知的内涵，就能通过事物现象看到其背后的本质。最终，因科学理性，逻辑自洽，提前预测结果，从而引导预期。因果间有必然。因发生的概率大小不同，果就时间上存在必然性的偶然。人们把这两种结果出现的风险概括为“黑天鹅（很严重、概率小、难预测）、灰犀牛（很严重、概率大、可预测）”偶发性事件。

格物，起始于对事物现象的观察，而观察能力的最高境界是闭上眼睛还能仰望星空。始终构建尊重事实、独立思考、理性判断与科学逻辑认知能力才是格物的本质。仅靠眼见为实，耳听为虚的大众常识，也许得出的结论并不可靠。

例如，赤、橙、黄、绿、青、蓝、紫不同波长的七色光和七色颜料混在一起，为什么电脑前的码农说，看到的是白色，而画板前的画家说，看到的是黑色呢？同样七色同样混法咋会“致知”的反差如此巨大，就是要搞明白颜色是如何显示的。如果是通过光源发出的是电脑显示器，那么这七种颜色的光混合后就是白光，因为白光就是由这七种光混合而成的。如果是通过颜料反射而显示颜色，必须在有白光的情况下才看得到颜色，这七种颜色混合后就是黑色了，这是各自会吸收不是自己颜色的六种光所致。因此，格物之后结果要有光的直射、反射、折射和衍射理论形成支撑才能致知，也因此有“学而不思则罔，思而不学则殆”的说法。

皮萨列夫说过，思想上的错误会引起语言上的错误，言语上的错误会引起行动上的错误。其实，思维认知模式是思想形成的源泉，笔者更喜欢逆向思维、发散思维和物极思维。米歇尔·渥克撰写的《灰犀牛：如何应对大概率危机》以及纳西姆·尼古拉斯·塔勒布写的《黑天鹅》两本畅销书，让“灰犀牛”“黑天鹅”风险两个词走进大众的视野。如果说格物致知是为了看透本质发现规律，试图遵循而不是违背规律，从而规避或杜绝概率风险，就如在晚上遛弯出门到底向左走还是向右走，才能避免车祸风险出现呢？

爱冒险是风险发生的根源。俗话说：常在河边走，难免不湿鞋；常走夜路，就会遇到鬼；多行不义，必自毙；等等。飞机客机失事是小概率事件，车祸发生是大概率事件。原因其实也很简单，客机就没有机长自己可以提前跳伞的理论设计功能。车祸发生的原因就很复杂了，你的驾驶技术和车况好坏并不是严重车祸发生的唯一主因。笔者总结了晚上马路边遛弯习惯两原则：第一，坚决不横穿马路，就少费心看红绿灯，尤其在夜晚马路上的“绿灯”有时候更危险。第二，出门永远向左走，向左走，向左走回到起点，因为人和车都是“右侧”通行，左侧走，就始终第一时间能看到对面走来的人和对面驶来的车。

世上没有什么百分百，有为不为，独立理性，与众不同，才能始终坚持出门向左走，向左走，始终不动摇地一直走回来。自己给自己做主，比别人为自己做主，其实更靠谱。

杜绝“黑天鹅”，避开“灰犀牛”。坚持走正道，一直走正道。

（本文发表于《发现》2022年5月智库版）

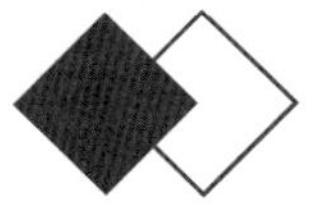

当，典，典当行

典当业是人类最古老的行业之一，堪称现代金融业的鼻祖。中国典当行业应该有1600年的发展历史。以意大利罗马为发源地，典当业也辐射到整个欧洲。1949年之前，典当业在中国非常兴盛，新中国成立之后全行业销声匿迹。改革开放后，1987年第一家“华茂典当”在成都正式挂牌；1988年，辽宁、山西、广州、上海等地均陆续出现了典当行；1992年底，北京第一家“金宝典当行”正式开业。据统计，截至2017年12月底，全国共有典当企业8483家。全盛时期，单在北京就有300多家。

典当，性质上是民间为了解决短期融资需求而产生的类似抵押便利借贷行为，是专门收取抵押品而放款的特殊金融机构。基本逻辑是出当户将其动产或不动产权利作为当物交付给典当行，取得典价、当金、当票并在约定期限内支付典价、当金利息，偿还典价、当金，赎回典物和当物的行为。从严格意义上讲，“典”和“当”概念原则上是有区别的，但长期以来人们把“典当”作为一个专有名词，普遍笼统称为“当铺”。

当与典，都是融资行为，又是两个完全不同的概念。当，是当标的的占有权转移；典，是典标的的占有权和使用权同时转移，即出典人将典物交付承典人占有和使用，换取典金。在一定的典期内，出典人使用典金不付利息，承典人使用典物不付租费。典期届满，出典人回赎，承典人便收取典金，归还典物；出典人不赎，承典人则获得典物，失去典金。这与当先转移标的占有权，死当后再转移标的所有权完全不同。而且，当的标的通常是动产或者财产权利，典的标的则通常是不动产。

当，只转移当物的占有权不转移其使用权。典，既转移典物的占有权也转移其使用权。从物权的角度看，当，属于担保物权，当权的标的物必须为动产，若成为死当，当铺可以自行占有或擅自处置。典，属于用益物权，典权的标的物只能是不动产，若成为死当，当铺只能拍卖获得占有权。在典当权关系中，当模式，当铺只占有标的物，不享有对标的物的使用收益的权利，但被赎回时要收取手续费和利息。典模式，就截然相反，当铺有权将房屋对外租赁或自住获得收益，被赎回时也可以不收手续费和利息。

典当行在历史上，包括当铺都被赋予了更多不光彩的高利贷盘剥负面形象，但在市场经济漫长探索历史上有着不可磨灭的贡献，它提供了现代金融业发展繁荣可圈可点的创新实践。任何商业模式创新都是市场主体间趋利博弈共识的公平迭代结果，任何一种商业模式可行就必须有利，多方得利，诚信获利，法治保障，不断迭代，持续繁荣。

（本文发表于《发现》2022年6月智库版）

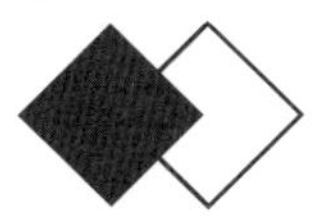

逻辑，让决策靠谱

损人利己，一定不是受欢迎、可持续的对策。利人利己，也许是既可行又可操作的对策。害人害己，原则上人们都不会选择这样的对策。《极简管理：中国式管理操作系统》对“决策”分拆解释为：确定干还是不干，叫决；明确用什么方法和工具干，叫策。决策，是识别并解决问题或利用机会的过程，做出用什么工具和方法去达成什么目标的难以逆转的决定。决策的目标都是在上、中、下多项对策中选择认为最可行且适合的方案。

在不确定环境达成确认的目标，最终都需要做出一个决策。在《孙子兵法》中提道，“要形成守必固、攻必克，以求‘全胜’的形势”。《孙子兵法·军形篇》中重点强调两点，战斗力的强弱和战争物质的准备。战争胜败的逻辑，首先是实力，其次才是高明的计谋。本篇一番论述大意可归纳为，若获全胜唯一有效办法的核心，还是要以多胜少，以优胜劣。

可靠的因与可信的果之间的逻辑自洽是科学决策基础。决策是一个提出问题、分析问题、解决问题、遵循科学的完整的动态过程，也是一个搜集信息、评估信息、得到结论的过程。决策分为三个阶段，参谋活动、设计活动和选择活动。

逻辑与哲学相伴而生。柏拉图的《理念论》和亚里士多德的《工具论》对存在不断追问论证推理，从而开启人类哲学与逻辑学探索。逻辑是保证推论有效的学问，也是判断、论证、决策科学有效的学问。逻辑的本质是通过逻辑顺序实现联系构架的秩序。判断一个决策的水平高低，用逻辑来推断，用理性来思考，用常识来检验。系统、理性、规律、求真、有序的组织和理性构架才是逻辑。逻辑是以概念、判断和推理的形式，以分析与综合、抽象与概括、归纳与演绎的方法，从事物的联系、发展、变化和矛盾中去反映客观事物的规律。用逻辑思维进行决策，可以实现决策的精确性和严密性，深刻性和全面性，科学性和定量性，逻辑思维及方法成为科学决策的大趋势。

逻辑思维使人有条理，会说理，能推理。弗洛伊德在《梦的解析》中说，一个人的认知影响人的意识和行为，一个人的行为方式会直接导致截然不同的人生。逻辑素养和逻辑思维水平使一个人的意识和行为更加严谨。逻辑学研究正确思维的最主要三大规律，同一律、矛盾律、排中律；逻辑思维四种形式，体现在概念、判断、推理、证明的科学行为当中。逻辑使人作风严谨，逻辑是一种认知方法，逻辑思维需要培养、学习和科学训练。

博弈的过程伴随着决策全过程。在逻辑学中的博弈论，是研究在战略情况下如何行事的理论。在博弈论教学实践中，“田忌赛马”的故事算是一个经典的案例。齐王请田忌赛马，田忌的马队不如齐王的马队，田忌用孙膑的计谋，用最差的马对齐王最好的马，用最好的马对齐王中等的马，用中等的马对齐王最差的马，结果以二比一胜了齐王。逻辑思维决策能力是非常重要的能力，要培养人的独立思考能力、敏锐的洞察能力、准确的判断能力。如果形成逻辑缜密的认知习惯，就具备获得其他能力的能力，这种能力远比已经具备某种能力还要重要。

（本文发表于《发现》2022年10月智库版）

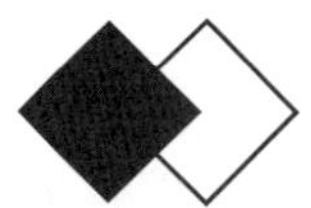

预期与非理性决策

在现实生活中，人们做出的各项决策，其中有很多是并不理性且不合逻辑的。1979年，丹尼尔·卡尼曼和阿莫斯·特沃斯基两位心理学家创造出“前景理论”并获得诺贝尔经济学奖。该理论揭示了“预期与决策”背后思维认知的心理学逻辑，指出人们在决策时基于心理价值而非期望效用，收益与损失的情境对决策有显著影响，心理价值不会随金钱价值线性变化。在二人合著的《思维的发现》一书中也描述了非理性决策背后的心理构架，揭示了情境对于人类决策行为的影响。

比如在逛超市时，你在货架上看到了两种不同的肉制品，它们包装的标注如下：一份写着脂肪含量25%，一份写着瘦肉含量75%。你会选择哪一份呢？或最终的决策依据是什么呢？在股票散户交易中，大部分人有了浮动收益急于退出；而在亏损时却不愿意及时止损，甚至遭受巨大损失，继续加仓摊薄成本也不止损。人们面对等价的描述或同样的结果却产生了不同的选择倾向和决定；小盈利、大止损的亏损行为，就是预期理论在人们行为决策中的典型表现。

前景理论演进为预期决策理论，认为人们为收益和损失所设定的权重是不同的。当人们在进行决策时，会更关注感知到的收益，而非感知到的损失。在预期理论中，框架效应是一个重要概念。框架效应认为，对等价事物的不同描述作为一种框架，从心理学角度来影响人们的决策。在收益框架下，也就是对收益进行描述时，人们会做出更为保守的选择，以获取“确定的收益”；而在损失框架下，人们更为冒险，把损失视作概率事件。预期决策理论，描述了人们是如何在有风险的各种选项之间做出权衡抉择的，人会倾向于确定的事物而非其他的可能性，哪怕其他可能性会是更好的情况也是如此，这也叫“确定效应”。人们会愿意冒更大的风险去避免损失，而非争取收获，这被称为“损失规避”。

趋利避害是人的本性，更在意近期的“得”，而忽略远期的“失”。多数人都是在预期中进行选择决策，人的决策心理往往更趋于非理性。人的思维是动态的，更多时候也是感性的，其行为经济决策对环境会有所反映，这种反映可以归纳为预期。因此，在宏观经济管理和政府预期引领决策中，强调信心比黄金更珍贵。其实，稳定大众信心的重心工作，应重视精准引导大众稳定良好心理预期。

（本文发表于《发现》2023年1月智库版）

智库是完善决策信息和智力支持系统

除了发挥推动社会经济发展的作用外

也是推动决策科学化和民主化的重要力量

因此，扮演好政府决策咨询的智力补充角色

是智库的重要社会责任和使命

北京码头智库以建设一流新型民间智库为目标

以国家政策咨询建议

城市发展和产业布局

服务中小企业实体经济为核心业务

从 2016 年创立以来

始终以大局为重

与中央保持一致

发挥新型智库应有的引领作用

—— 陈贵

资政建言

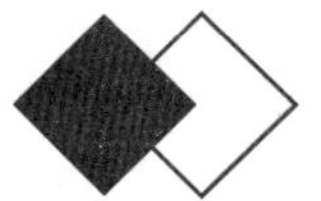

神经末梢：择业新视点

农村需要新一代“村官”，部队需要新一代“士官”，社区需要新一代“民官”，中国社会基层组织结构需要有一个脱胎换骨的改造。这些看似艰苦的岗位极具开发潜能，对全面建设小康社会关系重大。基层组织创新，当代大学生大有英雄用武之地。

最近大学毕业生竞聘当“村官”的消息频频传来。如鹤壁市、英德市、胶州市、宁海县和水富县等地区已先行一步，仅鹤壁市一次就选拔 546 名大学生当上村官。当地农民对此举双手欢迎。由此也引发了我们探讨“解决大学毕业生就业难”问题的新思路。

我们对“大学毕业生就业难”的问题作具体分析，发现“就业难”的大学毕业生其实只是一小部分人，人数大约在几十万。如果和 30 多年前 1600 万知识青年上山下乡的壮举相比较，这个数字所造成的社会压力应该说不算大。当然，时代不同了，两种就业压力的背景和内涵不可同日而语。但有一点是可以肯定的：知识青年上山下乡，把城市文明带到了农村，改变着农村落后的面貌；他们自己也在艰苦的磨难中锻炼了聪明才智，许多人成为国家栋梁之材。

由此给我们启示：在实施人才强国战略的大背景下，能不能从更积极的目标出发，给大学生就业一个更准确的定位，这是一个能不能有效使用人才、能不能充分发挥人才潜质的重大问题——对待大学毕业生就业，不应只着眼于暂时有份工作挣钱糊口，也不应仅仅出于对社会稳定的考虑，草草制定解决燃眉之急的安置之策；而应在政府支持和引导下，鼓励大学毕业生从现实出发，根据自身条件，科学地选择适合自己发展的平台，通过人力资源开发的有效机制作保障，最终成就一番既属于自己，又富国强民的人生事业。

具体地说，在大部分大学毕业生按照国家需要和市场经济选择，解决了就业问题之后，剩余的或者说尚未就业的大学毕业生向何处去？提倡并鼓励大学毕业生到基层去、到西部去、到祖国最需要的地方去，无疑是正确的号召。但仅有这种一般性号召还不够，还应该旗帜鲜明地指明：究竟应该到哪些最需要的岗位和地方去？

我们把目光锁定在三个薄弱环节：农村现代化建设的薄弱环节，军队现代化建设的薄弱环节，城市社区现代化建设的薄弱环节。在全面建设小康社会的伟大历史进程中，中国社会组织结构的神经末梢，需要有一个脱胎换骨的改造。农村需要新一代“村官”，部队需要新一代“士官”，社区需要新一代“民官”，这些看似艰苦的岗位极具开发潜能，对全面建设小康社会关系重大。基层组织创新，当代大学生大有英雄用武之地。这是解决大学生就业难问题的一条全新思路。如果这样的战略构想在观念上、舆论上、政策上得到相应体现，那么将会出现一个崭新的令人鼓舞的“一箭双雕”局面：不但几十万大学毕业生就业难的问题会迎刃而解，而且我国基层组织建设的状况有望实现一个质的飞跃，这恰恰是实施人才强国战略、全面建设小康社会所迫切需要的。

先看农村。要想让九亿中国农民在十年八年之内就实现知识化、现代化，是不现实的。但先使中国农村干部知识化、现代化则不但是可能的，而且是必要的。首先一村之长的素质要从根本上提高，可行的“捷径”是先实现村长、书记的职位逐步由大学生担任。当然，“大学生村官”不宜由上面任命，而应该给他们创造必要的条件，或者给一定优惠政策，让有志于改变农村面貌的大学生愿意到农村创业，在摸爬滚打中脱颖而出，成为带领农民致富、受到农民拥戴的新一代“村官”。许多有志于农村创业的大学毕业生，特别是来自农村的大学毕业生，更了解农村，更有改变家乡面貌的紧迫感和责任心。虽然村长是中国最小的官，可这个基层组织的神经末梢非常重要。选好了一村之长，农民就有了“当家人”和“主心骨”，农村的基层政权建设、民主政治建设、社会发展和经济建设就有了牢固的基石。如果给了大学生施展个人抱负的机会和实现人生价值的舞台，他们为什么不愿意亲手把自己的家乡建设成美丽的家园，为什么非要往别的城市里挤，去打工、去住“地下室”呢？

再看军队。中国与世界发达国家的军事实力存在差距，但最大的差距是士兵之间知识素养的差距。虽然我国新的《征兵条例》规定大学生参军，学校可以为其保留学籍，但是要比自己的同学晚毕业三至四年，估计主动要求停学参军的大学生比例不会太高。所以，特殊技术兵种的士兵和全部军队的“士官”，应该是大学毕业生施展才华的舞台。经过军队洗礼的这些大学生，必将有能力担负起祖国赋予的神圣使命。

最后看社区。据统计，我国现有近10万个社区居委会，50万社区居委会干部，参与服务的专职人员36万人，兼职人员57万人，志愿者人数已经发展到540万人。足见这个人才蓄水池的容量。城市社区是政府在基层的“形象代言人”，五脏六腑俱全，政府一些职能要通过社区实现，政府为人民服务的功能要通过社区体现。目前中国社区的建设水平、管理水平、服务功能远没有达到理想程度，距离建设学习型社区、服务型社区的科学目标更是相去甚远。提高现有社区干部的素质迫在眉睫，而相当一部分“小脚侦缉队”式的社区干部已经不能适应时代要求，需要“吐故纳新”。显而易见，综合素质高、有各类专业技能的大学生应该是未来社区现代化建设的主力军，也是未来城市现代化的领导者。他们在建设社区、管理社区、服务社区的组织创新中一定大有用武之地。也许人们对这个问题的认识还没有那么紧迫，但城市现代化建设飞速发展的迫切需求，已吹响了基层组织创新的号角。

人才强国战略呼唤基层组织创新。基层组织创新从村庄抓起，大学生当“村官”大有可为；基层组织创新从军队抓起，大学生当“士官”大有可为；基层组织创新从社区抓起，大学生当“民官”大有可为。与之相适应，鼓励大学毕业生到基层去锻炼，在实践中充实“村官”“士官”“民官”

队伍，需要全社会转变观念、形成舆论、政策配套；而对面临“吐故纳新”的老“村官”、老“士官”、老“民官”，则需要有妥善的安置应对之策。

【本文发表于2004年3月16日《科技日报》（教育周刊）】

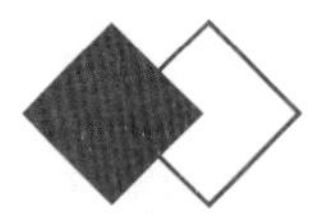

北京应打造成全国的“智慧中心”

全国各城市都在打造“智慧城市”，科技创新，仅仅是全部创新的一部分，北京应该打造中国的“智慧中心”。

创新，人是创新的主体，创新来源于智慧。创新，源于创新土壤、创新文化和创新文明的长期积淀。创新，已经成为民族进步、国家强大、经济发展、文化自信和社会进步的原动力。创新，来源于思想的开放，来源于理念的更新，来源于自由的环境，来源于科学的机制。创新，不仅仅涉及科技创新，更包括制度创新，理论创新，管理创新，体制机制创新和文化创新等。创新型国家建设，创新智慧是核心，重点要培育“创新土壤”。

北京，已经成为中国的政治中心、经济中心和文化中心。三十年来，中国改革开放和现代化建设的辉煌成绩中，首都始终是引领发展的首善之区。但是，面向中国未来三十年经济社会发展艰巨任务，面向 2020 年全面建成小康社会伟大目标，面向“两个一百年”奋斗目标和中华民族伟大复兴的中国梦，北京理应要承担新使命，要有新追求，要有新作为。

中央全面深化改革领导小组第六次会议审议了《关于加强中国特色新型智库建设的意见》。习近平总书记特别强调，我们进行治国理政，必须善于集中各方面智慧、凝聚最广泛力量。[①] 重点建设一批具有较大影响和国际影响力的高端智库，重视专业化智库建设。这既为中国智库的发展提出了挑战，也为各类智库发挥作用提供了广阔的空间。

北京，是高端人力资源最为丰富的城市，人才总量最多，人才结构中国最优，聚集着具备高素质、高水平、有经验、懂世界的一大批高端专业人才队伍。尤其是积累了中央级离退休领导、部委领导、一流高校教授、一流科研院所研究员、大型企业高级管理等高端人才，凝聚好、团结好、利用好、开发好这笔难得的人力资源宝藏，真可谓利国、利民、利人、利己。面对老龄化社会迅猛发展，要真正实现这个队伍老有所为，老有所乐，老有所成。其实，企业化运作的市场化专业智库，更是有为学者和年轻人的大舞台。

智库，国际上普遍是指那些非营利性的、独立性的、从事国内或外交政策问题研究的组织。当今智库在公共政策制定方面发挥了不可忽视的，有时是不可或缺的作用。智库对于国家和企业等，就是国家和企业的软实力展现。思想库（Think Tank），又称“智库”(Brain Tank)、“思想工厂”(Think Factory)、“外脑”(Outside Brain)、“智囊团”(Brain Trust)、“咨询公司”(Consultant Cooperation) 或“情报研究中心”(Intelligence Research Center)。美国历史最悠久的智库已经存在了100年左右，卡内基国际和平基金会成立

①《习近平为何特别强调“新型智库建设”？》，人民网，2014-10-29。

于 1910 年，政府研究所成立于 1916 年，胡佛研究所成立于 1919 年，外交关系委员会则诞生于 1921 年。

智库是思想和创新的催化剂。从 2013 年起，习近平总书记在不同场合中强调了建立新型中国智库的重要性，以便能够推动政策磋商制度化、提高中国软实力并实现中国治理结构的现代化。目前，我国有影响力的智库多为中字头科研事业单位和高校等，多数分布在北京和上海等大城市，民间智库数量和影响力仍然稀缺且弱小，队伍素质、研究能力和运营水平还是参差不齐。根据《2010 年全球智库排名》（*Global Go-To ThinkTank Rankings*）统计，世界上有 6300 多个智库，主要分散在 169 个国家，其中 1815 个是美国的智库，而设在首都华盛顿的智库有 393 个。

智库，越来越受到世界各国、机构和企业界的高度重视，尤其以美国为首的布鲁金斯研究所（Brookings Institute）、卡内基国际和平基金会（Carnegie Endowment for International Peace）、查塔姆研究所（The Chatham House）和法国国际关系研究所（French Institute of International Relations），美国一批高水平高质量高影响力的智库享誉世界。金砖国家中的巴西、印度等国也在后发追赶。比如巴西的瓦加斯基金会（FGV），印度政治与公共政策中心（Hindu Center for Politics and Public Policy）。亚洲发达经济体，比如韩国的韩国发展研究所（Korean Development Institute）以及亚洲研究所（Asian Institute）。欧洲为代表的德国阿登纳基金会（KAS），都是全球智库里的优秀范例。

智库思维，有别于学术研究，不是说明对错和好坏，而是要提出上、中、下对策取向，给出决策选择的空间和选择后果预测。智库的全球影响力需要大手笔的成果，以及由全球影响力的报告或定期刊物。《外交》杂志，1948 年刊登管理欧洲战略平衡，即因提出复兴计划《马歇尔计划》而闻名。美国新安全中心，2008 年刊文《平衡权力：美国在亚洲》报告而闻名。英国国际战略研究所，因举办国际会议而著称，如香格里拉对话与全球战略评估，简称香格里拉对话会，并出版《军力平衡》报告备受全球瞩目。生产“干货”，是国际一流智库的核心竞争力，定好选题、拉到大的赞助、吸引国际一流人才，是国际一流智库的立命不二法门。

不破不立，北京正在疏解非首都功能，要做好减法，更要做好加法和乘法。北京最具备条件成为“中国智慧”中心资源和区位优势，首都最应该肩负起这一历史使命。可以预测，未来北京就是四个中心，政治中心、经济中心、文化中心和智慧中心，将成为引领中国经济进入新常态、适应新常态、引领新常态的创新驱动发展的龙头，成为创新型中国的火车头。北京不仅要建设成为“智慧城市”“科技创新中心”，而且要成为中国“智慧中心”。

北京应该旗帜鲜明地打造“中国智谷”，根据北京建都八百年的历史，结合北京区域特点和优势，北京市朝阳区最适合。用先进的文化凝聚世界人才，用科学的机制激发各类人才，成为引领世界“中国智慧”的原产地。

打造全国智慧中心首选区域：北京市朝阳区。

（本文发表于国务院发展研究中心《经济要参》2016 年第 37 期）

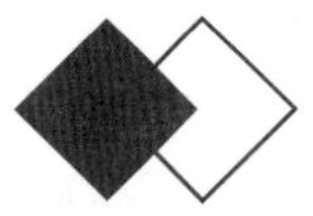

黑龙江森林“小火车”带动森林康养产业发展恰逢其时

森林康养产业集旅游、休闲、医疗、度假、娱乐、运动、养生、养老等健康服务于一体，已经成为林业可持续发展重要业态支撑，是提升人民幸福指数的重要途径，是林业产业发展的新模式、新业态。随着“美丽中国”“健康中国”战略的全面实施，国家林业发展“十三五”规划已将森林康养列为林业产业转型升级的重点内容。“十三五”期间，将加强森林康养基地和基础设施建设，充分利用森林公园、沙漠公园、湿地公园等自然保护地发展森林康养产业，力争到2020年，在全国设立示范性森林城市达200个、森林小镇达1000个、森林公园等达到上万个。建成一批森林人家、森林步道和森林疗养康复场所，每年林业旅游休闲康养人数突破25亿人次。

黑龙江地处中国最北端，地理优势独特，一年四季分明，国有林规模大，森林覆盖率高，已经成为中国以及华北地区重要的生态屏障，走出一条生态优美、产业繁荣、人民富足的可持续发展道路势在必行。随着黑龙江国有林区进入全面停伐的生态恢复新时代，森林康养产业将是黑龙江国有林区供给侧结构性改革的重要突破口，也是黑龙江国有林区打赢精准扶贫攻坚战的重要抓手。

东北振兴：政府主导并调动社会市场的积极性

东北三省，特别是黑龙江省，要充分认识到自身得天独厚的产业优势，找准产业定位，利用好作为全国生态安全重要屏障和重要粮食主产区的森林、冰雪、黑土地等自然资源和地理优势，以及独有的“铁人精神、知青精神、农垦精神”，独特的闯关东“移民文化”、多民族的民俗文化……打造具有世界级水准的“慢生活”文旅产业体验区。

黑土地、白桦林、森林小火车，就是东北人和东北知青及后人的乡愁。在林海雪原和绿水青山中恢复当地过去的“小火车”运输工具及沿线铁轨，并建立具有规模效应的“集镇式”火车站。小火车，就是慢，从而形成“小火车”慢生活文旅产业经济带。慢生活，是森林康养文旅产业供给侧改革的需要。一方面，可以满足身处快节奏生活中的都市人群静下心来慢慢品味原始大森林静谧闲适的慢生活，充分体验东北地域文化；另一方面，可以吸引投资，帮助当地政府解决就业难题，给当地老百姓提供更多就业机会，通过适度开发形成对当地资源的最好保护。

森林小火车：黑土地、白桦林的时代文化载体

黑龙江森林小火车有一百年历史，是中国最早建设森林小火车的省份。“小火车”，是指当年东北林区为了运输森林中的伐木，在“窄轨”上行驶的速度较慢的蒸汽式火车，是当地的主要运输工具，已成为当地特有记忆和主要文化元素之一。黑龙江在发展文旅产业方面，一直在努力，譬如“狗拉雪橇”“农家乐”“冰雪产业”“冰雪大世界”，等等。

但这些“单打独斗”的发展模式，不具备文化品牌优势，也不具备整体吸纳优势，更不具备打造百年产业的视野。打造黑龙江森林康养文旅产业品牌必须要有大构想、大视野、大追求、大信心、大手笔，要充分利用黑龙江独特的地理基因、资源优势，讲好“黑龙江故事”，把外面的人“请得来、留得下、还想来”。小火车可以成为纽带，实现基础设施互联互通和特色功能区路路畅通，形成体量庞大、纵横交错、体验各异的旅游资源，增加到黑龙江旅游外地人的滞留时间，提升游客体验，提高过夜经济规模。

森林小火车：东北人、东北知青及后人的乡愁

建设穿越“林海”“湿地”“乡镇”的“小火车”慢生活森林康养文旅产业经济带，是打造黑龙江森林康养文旅产业品牌的最合适载体和最可行的路径。“小火车”慢生活文旅产业经济带，采取“大循环 + 小循环 + 微循环”的方式进行整体规划。大循环，就是通过“小火车”线路的建设将境内著名景区连接起来，让游客能够“看起来”；小循环，就是突出沿线的特色小镇，让游客“走起来”；微循环，就是可以深入林海、深入雪原，让游客“住下来”。

就具体如何开发“小火车”慢生活文旅产业经济带，要用一个全新的概念，即采取“1+PP”模式。该模式的核心思想是政府只出政策不出钱，开发建设投资完全由市场来主导。也就是借鉴美国西部的铁路开发模式，“小火车”道沿线两侧 3 公里以内的土地，以及沿线车站区域的土地使用权、开发权无偿使用 100 年。开发黑龙江“小火车”慢生活文旅产业经济带要注重以生态保护为主，实现全民公益性优先理念，科学开发才是可持续保护的重要内涵。既要通过政府“让小利益得大市场”，把这些沉睡的自然资源和文化资源“唤醒”，也要让投资者共建共享，充分激发当地居民的适度开发的环保意识，实现经济发展与环境保护的“鱼与熊掌”兼得，从而把黑龙江各地的森林、江河、湖泊、湿地等“珍珠式”美景用“小火车”串连起来，把黑龙江的农家乐、家庭农场林场、国家公园等也串起来，形成独特的黑龙江文旅产业资源和“小火车”文旅品牌。

森林小火车：独特地理优势和乡愁文化强大基因

品牌经营，是中国康养文旅休闲产业的短板。阿里山森林小火车是1912年通车，已经成为旅游品牌并成为台湾省旅游标志。同期建设的还有黑龙江苇河森林小火车，世界最长的窄轨森林小火车在黑龙江兴隆林业局。黑龙江40个国有森工局在历史上都有森林小火车，近三四十年，资源枯竭基本是撤轨卖车，目前仍在运营的却寥寥无几。黑龙江林农产业独特，山水林田湖等地理景观优势明显，西北部为大兴安岭北段，北部是沿黑龙江右岸自西北向东南延展的小兴安岭山地，东南部则是由张广才岭、老爷岭、太平岭和完达山等构成的东部山地。山脉的延伸方向主要是由北北东向南南西。在大、小兴安岭与东部山地所环抱的松嫩平原上，流淌着松花江、嫩江和呼兰河等，而东北部的三江平原则是由黑龙江、松花江和乌苏里江及其支流冲积而成，乌裕尔河流经干旱地区成为无尾河，东南的绥芬河往东经俄罗斯入日本海。梦回黑土地，看看白桦林，拥抱大森林，打造黑龙江真实、自然、悠闲式森林小火车环、带、群的康养文化旅游品牌真的可行。

未来的黑龙江“小火车”森林康养慢生活文旅产业经济带，还可以在空间上进行拓展，譬如打造成东北文旅产业，空间延展为黑龙江和吉林以及长白山区域，甚至可以作为“一带一路”慢生活桥头堡，向俄罗斯东北亚、远东及东欧延展。冰天雪地，就是金山银山。

为了推进和实现这一战略构想，“京WORK——北京码头”拟牵头组建“东北小火车森林康养文化旅游产业投资基金”，期望与当地政府进行深度合作，启动线路规划勘察和产业规划设计工作。打造百年黑龙江森林天然“北方迪士尼”大文旅产业，值得大胆构想和努力尝试。

（本文发表于国务院发展研究中心《经济要参》2016年第27期，《科技日报》《中国政协报》《中国信息报》新华网等亦摘编刊发）

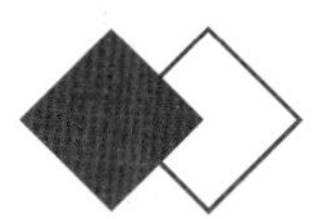

高房价是控制北京人口膨胀唯一生态门槛吗?

2010 年 10 月 14 日，中房学（CRES）地产智库主席、北京房地产学会常务副会长陈贵在新浪乐居撰文表示，高房价、高租金和高生活成本，是控制北京等特大城市人口无序膨胀的唯一生态门槛。此观点一出，立刻遭到多数网友的质疑。

陈贵在文中说，北京想成为国际化水平的都市，必须要有生态门槛。马路上的车子档次不能太差，人的素质整体水平不能太低，生活起来不能太容易。北京人口激增必须得到有效控制，还要遵循物竞天择、适者生存的道理。所以，像北京、上海等特大城市的房价不能再降了，10 万元以下的车不能在北京上牌照了，外地低收入、低素质和低学历等群体数量不能再增加了。加大一切在京成本是唯一的生态门槛。

陈贵的观点一出，立即遭到炮轰，很多网友表示反对。截至当天晚上 18:30，乐居调查结果显示，58.6% 的人不同意，38.2% 的同意，3.1% 的人说不清。其中反对此观点的网友表示，“租金上涨？人家住集装箱行不？人家住桥底下可以吗？人家连房子都不租，高房价能限制谁？”还有的人说，“能挤走的只是对生活要求比较高，但收入又不是很高的那一部分人，可是这部分人是不会让你觉得素质很低的。”而赞同的人说：“理性地想一想，还真是没有更好的办法抑制北京的人口膨胀。”

在接受记者采访时陈贵说，北京这样一个城市，想要兼顾富人、穷人、北京人、外地人各类人群的利益，是绝对不可能的。“那么要用怎样的尺子，帮助北京裁剪一件合身的衣服呢？就是物竞天择的生态门槛。”他说，物竞天择听起来冷冰冰，很无情，但也是最公平的。

陈贵直言，目前，政府过多插手商品房市场，市场就会变乱。安居工程和市场是两回事，而且保障房不能放开户籍，否则全国人民都会排队进北京，那时该让谁进，该让谁不进？现在，莫斯科的房价每平方米达到 30 万元人民币，这样看北京的房价并不高。10 年后再回过头看，很多人还是会后悔现在没有买房。

陈贵最后强调，在打压房价一边倒的舆论背景下，他只是想说句清醒的话。自己不是在贬低哪一类群体，也不是在为开发商做代言。

【对话陈贵】“北京已到了负荷的极限”

记者：为什么说高房价是控制人口的唯一生态门槛？

陈贵：北京的自然资源和公共资源是有限的，城市人口容量也是有限的。人在一个地方生存，首先要住房子，而房子数量不是无限的。北京房价和世界级大都市相比，房价并不算贵，北京未来房价还要继续上涨。当然，高房价只是一种标志，根本是生活在北京要高成本，自然租房住也要高租金，养车也要高成本。按照目前北京人口自由增长速度，到该考虑适当控制的时候了。除了“生态门槛”外，我还没想出来用什么更好的“门槛”予以控制，既合理又合情地让谁留，让谁走。自然生态系统延续的唯一法则就是物种间的物竞天择、适者生存。看起来残酷，但是公平。

记者：你说北京、上海等特大城市的房价不能再降了。在目前的舆论环境下是否会担心遭到社会百姓的不理解？

陈贵：反驳是自然的，骂娘也是正常的。我说北京、上海的房价不能再降了，因为北京的房价本来就不贵，四环以内的房价会降吗？调控其实本来也不可能降到哪儿去。控制房价过快上涨，这关系到民生问题，安居工程和商品房价格高低本来也是两回事。我今天提出此想法是基于北京目前的资源瓶颈问题，堵车只是表象，常住人口暴涨是根本。人口规模控制是必然的，不能再这样自由放任增长了。北京这座城市已经到了负荷的极限了，现实就是这样，再放任下去，离瘫痪不会太久。

记者：也有人提出，建设北京依靠的是全国的资源，那么北京不应该设置门槛阻止全体百姓分享。您对这种说法怎么理解？

陈贵：北京是全国人民的北京，理应共建共享。我国城市化浪潮的洪峰刚刚开始，大都市建设也是尝试中建设。我没有任何贫富歧视意图，也没有为所谓群体代言。我只是想找到一把公平的尺子，剪裁一身适合北京的衣服。

（本文转载于 2010 年 10 月 15 日《京华时报》）

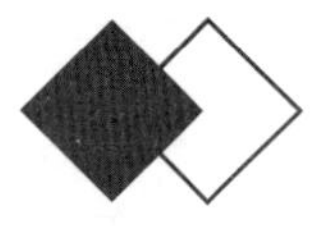

中关村 终将会搬出北京城

中关村，给北京这座城市带来了无数的荣耀，而立之年的您能否担负起更重的担子！

以帕克、伯吉斯和麦肯齐为代表的城市生态学派认为：城市发展演替是：重要性（importance）、竞争性（competition）、集聚性（concentration）、分隔（segregation）、入侵（invasion）和更替（succession）。文化和经济是城市形成发展演变的两大基因，三十多年的改革开放，变化举世瞩目，用变化去迎接变化，以万变拥抱万变，需要大胆创新求变，需要“智库”在其中能有所作为。

北京，政治、经济、文化和智慧中心。北京，当前需要淘汰低端产能，也需要高远定位奉献高端宝贝。创新，除了文化、土壤、人才、资金和技术之外，决定产业去留的唯一条件是成本，最终还是创新成本。

中关村，你真的不宜继续留在北京城

中关村，中关村园区已经泛概念化，学会玩起了特许经营。北京随处可见中关村孵化器的招牌，都是中关村园区了，面也不是那碗面，汤也不是那碗汤。

中关村，中关村大街成了资本家和年轻人选秀的热场，不务正业者逗留嬉笑的乐园，一群年轻人一夜暴富的咖啡梦醒的“篡街”。中关村昔日的活力、激情与喧嚣渐入瓶颈，反思与突破是不挂科的必修课。

中关村，已经是寸土寸金宝地，其实上地区域、亦庄区域、经开区域等地价飙升，导致企业成本飙升，学区房成为热词，产业功能区趋同，不适宜持续创新，只有靠房租就可以幸福的房东们喜笑颜开。

中关村，“大佬”四处布道，“中佬”无聊扯淡，“小佬”奋进悲催。生活的压力就让年轻人喘不过气来。

中关村，成本高致使创新生态遭到破坏，急需的产业链末端的众多中小微企业在此基本上没有生存空间。

中关村，要想有未来，你无路可去，早晚都要离开北京城。有人会不高兴且坚决反对，可是企业和企业家渐渐用脚投票，寻找适合创业创新的世外桃源。

中关村，硅谷在蜕变，你应该有所觉察

1. 硅谷的奇迹其实不可以拷贝。歌雷厄姆在《怎样成为硅谷》一书中讲道：创造一个有助于创新的环境，富人和书呆子就是你所需要的。一种个性（开放和宽容的态度），加上一大批受过良好教育、具有科学和工程背景的青年人。

2. 硅谷的模式其实就很简单。七十多年前，在美国一片遥远偏僻的果园子，围在冷战时期专注电子信息技术的一所学校，有一个著名的特曼教授靠自己梦想“忽悠”了八个年轻人，在旧车库、废厂房和地下室瞎鼓捣，后来，许多人都慕名来了，结果真搞出一个高科技乐园。这里的企业与硅晶体管和硅芯片关系密切，自 1971 年开始，人们为圣克拉拉谷换了一个响彻云霄的美名——“硅谷”。理查德·弗罗里达认为：

硅谷具备了领先的大学、充满活力的企业、灵活的劳动力市场以及适应商业创新需要的风险资本创新产业发展得天独厚的条件。

3. 硅谷与中关村差的不仅仅是离首都的距离。国际分工与产业流动，成本，是国际产业转移的唯一风向标。学习成绩较好的应该属中国台湾和印度，有拷贝技巧，更有自学能力。始建于1980年的新竹科学工业园位于我国台湾岛西海岸，台北市西南70公里，新竹市区以西6公里处，现有开发面积6.32平方公里。印度西南部的卡纳塔克邦（Karnataka State），离班加罗尔机场12公里，离市中心18公里，现有开发面积0.28平方公里。创新，不一定非要在首都。其实，这两个典范，尽最大努力与硅谷在人才交流、技术互补和产业匹配接口零距离方面相仿。

4. 持续创新能力是高科技创新产业不二法门。“硅谷”是高科技公园的符号，但成本和宜居环境也到了发展的瓶颈。也有报道称，底特律鬼城已经见到了创业者的飘逸的身影。也有人大胆预测，几十年后，硅谷也会成为高科技文化遗址公园。究其原因，还是土地供应短缺，房地产价格昂贵，劳动力成本和生活成本急剧上升；交通拥挤、环境污染和公共教育水平下滑等问题日趋严重，追求暴富的急躁心态，使勇于创新、容忍失败的企业家精神正经受巨大的挑战和震荡，创新文化正面临着侵蚀。硅谷，其实也在思考，面临选择。

5. 产业生态是高科技创新的制胜法宝。高科技创新业态需要资源结构合理、产业生态支撑，以及优势资源核心区和地理空间的走廊配套缓冲带。核心区是动力源，缓冲带就是低门槛人才技术蓄水池，为中小微创新所需要的配套企业留有生存空间，以及一批大型的高技术承接的制造商。萨克森宁认为，新竹与硅谷之所以能产生密切的产业互动是因为两地产业结构的协调，台北到新竹科学工业园区由约80公里的工业走廊连接，这个缓冲带与美国加州境内从旧金山到圣荷塞的走廊十分相似。创新的主题在企业，创新的主力军是中小微科技型企业，中关村目前遍地皆地王，已经没有太大产业生态弹性空间，成本门槛就制约了科技创新的源泉。

中关村，主动撤离北京城，正逢其时

西部大开发战略，新一轮东北振兴规划，以及大数据、云计算全国示范区建设、智能制造战略实施，以适应创新型国家建设总体要求，急需创新驱动区域经济协调发展，尤其是在大力发展中小城市经济中心战略指引下，为中关村资源优势战略转移二次腾飞提供了难得机遇和可以想象的大舞台。当前，打造特色乡镇如火如荼，有这么一句话：“好气候胜过政府的努力”，美国硅谷气候据说是吸引创业者的重要条件。

事实证明，非首都圈也能科技创新。杭州互联网电商模式、贵州大数据产业模式、深圳原始创新模式就是成功典范。一方面高铁时代，缩短了人和物的物理空间距离；另一方面5G时代，缩短了信息虚拟时间距离。此外，首都“大城市病”需要整治疏解，创新人才迫切追求风景秀丽、悠闲舒适和减轻压力的生活方式。中关村，根据产业集中度，分蘖几个主导型产业模块，分别入住“鬼城”。栽下梧桐树，引得凤凰来。

俗称“鬼城”，就是中关村最好的去处。鬼城，其实都是好地方。因为环境不好就不会房地产投资过热，不宜居哪来的房地产泡沫？比如鄂尔多斯、东戴河新区等都是环境优美的城市。去库存，需要加快城市化进程，去“鬼城”，需要优势产业强劲介入。当地政府政策上扶持，盘活存量地产，引进创新动力源，加之市场化利益引导。降成本，降成本，降成本，应该是两相情愿，一拍即合。当然，这需要北京市政府愿意忍痛割爱。其实去西部，去东北，去环境优美中小城市，广阔天地大有可为。

硅谷，是在上世纪40年代兴起的科技创新奇迹。如今，中国经济急需转型，发展理念正在调整，一切都在变化之中，而且创新的环境和文化也在迅猛变化，中关村文化要与时俱进勇敢拥抱变化，中关村的企业和企业家们更要迎接这种变化。

中关村，其实就是北京高新技术产业代名词，也包括北京其他几个经济园区。应该就像火种，开启九龙入海，量子裂变，凤凰涅槃，以星火燎原之势，担负起创新型国家建设的使命，肩负起中华民族复兴的伟大使命。可以相信，这是一个极具前瞻性和战略性的智库成果。

（本文发表于国务院发展研究中心《经济要参》2016年第46期）

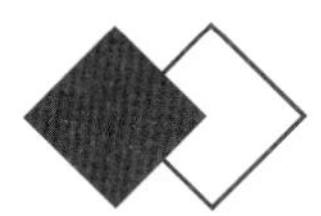

大学生孵化器：能否成为中国职业教育发展新模式

知行合一，以人为本。国家职业教育，是人才强国战略重要支撑，是国家转型的竞争力所在，是国家经济的支柱，是国家人才战略重要内涵，是国家产品质量的代名词，更是创新型国家建设急需补短板的重要工程。

中国古代职业教育哲学，优秀而灿烂文明

公元前200年秦以前教育的内容，六德：知、仁、圣、义、忠、和。六行：孝、友、睦、婣、任、恤。六艺：礼、乐、射、御、书、数，以及农事、军事等教育。到孔丘春秋时，他教的内容包括诗、书、礼、乐、射、御。中国处在农耕文明社会，但是没有农事教育。倡导学而优则仕，强调“知”而授业，却淡化“识”的实践教育。

中国近现代职业教育，起点与日本同步

1917年发起成立了中华职业教育社，黄炎培认为“教育者，教之育之使备人生处世不可少之件而已”，倡导中国职业教育的初衷是为了解决“平民的生计问题”，受到了社会广泛关注。尤其是计划经济时代，中国职业教育开展得非常有体系，普遍是围绕中等职业教育。如：技工校、小中专、中专、专科等，所有专业学科建设主要是围绕工农业生产重点领域人才需要进行科学安排，成绩是显著的，效果是明显的。改革开放后，市场配置资源起到决定性作用，主要是个体工商户小经济模式，亟须构建职业教育体系“新方向”。今天回过头来看，过去成功的职业教育模式还是有积极现实的示范作用。

国际职业教育经验，值得引进、消化、吸收和再创新

人类大学教育理念和教育设计产生，要追溯到巴黎大学(Université Paris)，巴黎大学的前身是索邦神学院，1261年正式使用“巴黎大学”一词。这是一所在国际上享有盛誉的综合大学，创立于9世纪，最初附属于巴黎圣母院，1180年法皇路易七世正式授予其“大学”称号，与意大利的博洛尼亚大学并称世界最古老的大学，又被誉为“欧洲大学之母”。1988年9月18日，博洛尼亚大学建校九百年之际，欧洲430个大学校长在博洛尼亚的大广场共同签署了欧洲大学宪章，正式宣布博洛尼亚大学为欧洲“大学之母”（拉丁文：Alma Mater Studiorum），即欧洲所有大学的母校。

衍生到今天，国际上值得借鉴的典型职教模式：德国的“双元制”、英国“学徒制”、澳大利亚的“TAFE制”、美国的“社区制”、日本的“产学制”等。虽然办学特色各异，但是核心价值观趋同，那就是全社会尊重“职业教育”，全社会尊敬“职教学生”，全社会崇尚“工匠精神”。绝对保障学历、学位、地位与普通中高等学校资历待遇对等，职业教育与普通教育人才流动互通，培植“学中用用中学”的终身教育理念，并紧紧围绕以人为本兼顾产业发展战略人才储备设计，人教企三方无缝对接的校企紧密融合，全社会形成尊师重教在职业教育领域的人文环境，更显得十分必要。

研究型大学，教授是绝对的主角。职业型教育，政府是绝对的主角

最具代表性的就是美国，美国联邦政府于1862年颁布的《莫雷尔法案》，可以看作是第一个职业教育法，该法案规定，按各州在国会中参议院和众议院人数的多少分配给各州不同数量的国有土地，各州应当将这类土地的出售或投资所得收入，在5年内至少建立一所“讲授与农业和机械工业有关的知识”的学院。后来这类学院被称为“农工学院”或“赠地学院”，这些学院是《莫雷尔法案》结出的果实。

1872年，日本明治政府颁布了《学制令》，规定一些职业教育的相关内容。1883年公布《农业学校通则》，以政令的方式把职业教育内容固定下来。1899年明治政府颁布的《实业学校令》正式建立了现代的日本职业教育体系。“二战”后，日本经济能够短期起飞，重视职业教育发展功不可没。

1871年，德国宪法将职业教育定为义务教育。战后特别是自20世纪50年代以来，社会的发展及科技进步对职业教育的要求不断提高。为了使职业教育体系适应经济走向市场，依法发展，联邦德国颁布了十多项有关职业教育的法令，如《职业教育法》《职业促进法》《实践训练师资规格条例》《手工业学徒结业考试条例》等。其中1969年颁布的《职业教育法》是最基本、最权威的法规。它对当今社会条件下职业学校的办学条件、企业培训条件作了详尽的要求；对承认的13类约450个专业（工种）作了具体规定。

大学生孵化器，能否成为中国特色职教新模式

中国职业教育发展未来要形成什么样的模式，应该在总结职教集团化经验的基础上，适应“大众创业、万众创新”发展战略，形成有中国特色的职教发展道路。

人社部、教育部联合印发《关于实施高校毕业生就业创业促进计划的通知》，要求各地把有就业创业意愿的高校毕业生全部纳入就业创业促进计划，把鼓励创业作为扩大就业的重要方向。大学生创业孵化器（incubator）成为每所大学和中高职院校创业就业的重要工作。

据不完全统计，2015 年是孵化器行业爆发式增长的一年。有数据显示，2015 年国内孵化器增加了 4000 多家，这个数字是过去 26 年中国孵化器的总和。据估测，全球共有 1 万家孵化器，中国就占了一半。然而，孵化器行业中的种种“乱象”也开始出现，“中关村的咖啡凉了”声音也备受社会关注。

目前孵化器主要的模式大概有四种

联合办公空间模式、创业社区模式、孵化器模式和加速器模式。普遍为“保姆式”“阿姨式”辅助服务平台，投资主体分两类，“政府式”输血与“烧钱式”房东，创业创新主要在“互联网 +”和高科技领域，而失败率在 90% 以上，孵化器本身普遍存在的问题是自身赢利手段低端且很难持续盈利。

有竞争力专业校、院、系，直接打造成创业创新孵化器

中国职教模式和专业技能设计是理、技兼修，主要还是集中在服务业领域，先天就是为就业而就业的教育理念。目前，普通高校大学生创业创新孵化器基本都是模仿高新技术产业孵化器模式，与社会上唯一的区别就是依托有学校老师的指导，且上学、休学或毕业后均可以创业。中等、高职高专院校专业设计多数以服务业和制造服务业领域为主。创新模式即直接打造成孵化器理念，现有服务支持模式不变，形成学校、老师和学生利益风险共同体，辅导员就是营销总监，系主任就是总经理，校长（院长）就是公司董事长，入学就开启孵化模式，师兄带师弟。成功毕业时，学生出壳，学校退出，老师股东。相比高科技产业高风险孵化器，定位在中高端服务业或中高端制造服务业的孵化器，相信创业成功的概率会比较高。

有核心竞争力专业整合，教学一开始就直接对接市场

高职高专院校专业过多，应该选择不超过三个核心专业，且专业间有产业相关性。如：传媒、体育与市场营销，打造体育产业孵化器，成立专业的体育赛事协会作为运营依托；表演、导演与摄像制作，打造电影产业孵化器。教学就是在实践中进行，课堂就是在市场中运行，影视孵化器就是依托电影公司，三到四年上市一部优秀电影作为孵化器全体学生的毕业论文。

养老服务业、文旅服务业、新媒体服务业、文化创意产业、运动休闲产业等。制造业升级服务业、实体经济设计服务业、教育卫生服务业等，都有广阔的市场机会和前景。理论与实践相结合，教学与实战相结合，学生与老师相结合，校园与市场相结合。

教学需要改革，学中用，用中学。管理需要创新，学校就是孵化器，孵化器就是学校。理念需要更新，毕业季，学校不仅仅是召开毕业典礼，还有新一届公司董事会成立大会。

毕业季，不仅仅是照毕业照“戴帽季”，还有新公司迁出学校孵化器的“拆迁季”。毕业季，拿到的不仅仅是一纸“毕业证”，还有新一届董事长、总经理、总监、经理、分公司“任命书”。

（本文发表于国务院发展研究中心《经济要参》2016年第48期）

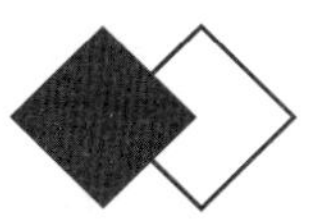

北京可先行先试“积分落户农村户口”户籍改革新模式

2011年6月，政协北京市第十一届委员会常务委员会第二十四次会议审议通过了《关于加快首都经济发展方式转变若干问题的建议》，提出了积分落户制。2014年7月，国务院发布《关于进一步推进户籍制度改革的意见》（以下简称《意见》），《意见》规定，将城市按人口分为4级，执行不同的落户标准。其中，针对500万人以上的特大城市，《意见》提出，要严控人口规模，建立透明、完善的积分落户制度。2018年北京首批获积分落户者已办理了落户手续，这是外地人落户北京有益的探索。

当前，“三农”工作的主要矛盾是，深层次的体制机制矛盾制约了对土地、农村和农业生产、生活意愿的“自由”选择。而矛盾的主要方面是新型农民的问题。七十年前，费孝通先生就提出了乡土重建的问题，认为在当时乡土正被城市化的浪潮所冲刷，一切资源都被开矿似的挖起运走了。乡村衰败，乡村文明必然不可持续。随着改革开放四十年的发展，工业化、城镇化的迅猛浪潮，造成空心村问题日益突出，外出打工的农一代开始返乡养老，多数拒绝回乡的农二代失去务农的能力和兴趣。党中央、国务院提出城乡协同发展和乡村振兴战略，关键的关键是如何实现新型农民经营主体的确立。乡村文明之农业文明，是中华文明延绵不断的重要基因，是历代乡村治理有力的抓手。乡风文化、乡土文化、乡贤文化是乡村振兴凝聚精神力量的重要源泉。美丽乡村，必须走城乡协同、城乡互动、文明互鉴的新路子。鼓励农民放下锄头进城打工落户，鼓励适合的城里人带上细软上山下乡当农民，要两手抓。因为长期城乡二元结构造成的土地制度固化了人财物的流动，人才流动单向，城市里的人才、资金和技术无法有效进入乡村。

到2020年中国六十岁以上老人将达到2.5亿人，广大农村正迎来城市人“有为养老、田园农务”的迅猛时代，尤其是人口在500万人以上的大城市、特大城市、大城市群和国家级战略经济带聚集区的乡村，可以以点带面先行先试，为“高官、高管和高知”等走出一条“城市人积分落户农村户口”，城乡协同人才下乡的人力资源流动新模式。雄安新区作为京津冀协同发展的战略支点，依托京津冀协同发展平台，尝试首创城市积分落户农村户口深化户籍改革新路子，完全可以大胆在北京先行先试该模式，为上海、广州、深圳特大城市起到先行示范引领，并为长江经济带、粤港澳大湾区等区域协调发展探索一条城乡协同发展户籍改革的新路径。

中国古代政府官员退休制度对当今颇有借鉴价值。“文官告老还乡，武将解甲归田”，是中国古代特别是明清时期官吏遵循的惯例，基本都是安排“告老还故乡”，体现了他们光宗耀祖和衣锦还乡的心愿，也是为了便于回故乡的宗族亲近适应融合效果。“落叶归根”“告老还乡”不仅作为中华文明中官场规矩，而且作为一种华人人生哲学深入人心。

自周代始，即把村落称作“里”。“里”字从田从土，即反映了“恃田而食，恃土而居”的农业型经济生活特征。据统计，自明代初期百年间的城乡中举人数结构中，乡村多于城市。这反映了在以农业为主体的传统社会中，乡村比城市有更旺盛的造就人才功能。“乡绅即为先生”告老制度设计为广大农村提供人才培养的持续循环提供了重要保障。

“告老”一词通常称谓有“致仕”“致事”“致政”。《春秋公羊传》有“退而致仕”，“致仕，还禄位于君”。研究表明，该制度始于春秋战国，形成于汉朝，发展于唐朝，完善于宋、元、明、清时期。落叶归根根脉文化、《乡约》诚信文化、祠堂约束文化、宗族荣辱文化等乡村文化和文明构成了中华文明永续的重要组成部分。该制度是中国古代官僚退出制度的一个重要组成部分，“告老还乡”制度对于乡风文明、乡村治理、繁荣教育、推动创新有重要的积极价值。

《礼记·曲礼》说：“大夫七十而致事。”汉、唐、宋、元等朝代实行七十而致仕的规定，但到了明清两朝则规定“文武官六十以上者，皆听致仕”。可见，在中国古代官吏“告老”“告病”辞去官职，通过“从人才资源流出到人才资源流入”的良性循环，强化了“官宦大夫或读书绅士”乡绅文明形式的人力和文化凝聚力，有效带动技术进步、农村经济，文化交流和发展也起到一定的作用。该文化基因已然成为乡村的灵魂，塑造了一方的风气和文化。故张集馨《道咸宦海见闻录》中说：“绅士居乡者，必当维持风化，其耆老望重者，亦当感劝闾阎，果能家喻户晓，礼让风行，自然百事吉祥，年丰人寿矣。”比如现代的“告老”践行者，毛致用、杨善洲和褚时健“还乡”成功的案例就是有力的证明。有报道称，受“根脉文化”影响，恢复高考后从“农村里走出来的大学生”

又自发地回到了家乡，关心家乡发展，乡风再起，乡愁渐浓。这是城市人落户农村最强烈的一批人。

中国城市商业文明与乡村文明融合也具备深厚的基础，徽商、晋商文化发展演变就是中国典型的城乡文明融合的案例。从西方发达国家城市商业文明演替发展经验来看，也遵循了城乡协同以人的双向流动的文化脉络规律。中国目前存世的有规模有文化有品质的古村落，基本都可寻觅出富甲惠乡的商业文明和大夫告老的乡绅文明交融的踪影。胡雪岩、乔致庸等一大批富甲一方的商人，最后把一生的财富基本都回馈于乡里，回馈于滋养他的故土，才让后人看到留下来的“大院”文化、“园林”文化和“宗祠”文化等博大精深的中华灿烂文化。科技下乡，最有效的手段是让农村与科技人员自愿捆绑在一起。文化下乡，最有效的手段也是让艺术家与乡土自愿捆绑在一起。

城市人积分落户农村户口的初步设想，是户籍制度改革大胆尝试的创新之策，也是彻底突破实现城乡协同发展，根本解决“三农”问题中乡村振兴治本之策，更是深化改革重大理论与实践的有益探索。当前，农民落户城镇户口没有政策积极性探索，城里人（面临退休高官、院士、科学家、企业家、教师和医生及年轻人等）想到农村去养老式、投资式、务农式创业却是难上加难。由于土地制度和行政制度存在鸿沟和障碍，如果城镇户口想变为农村户口那是万万不可能。一方面农民不愿意进城落户，一方面城里人又蜂拥想至乡下，如何实现合适城市人群需所需、愿所愿、成所成，设定积分标准，应该是做最好的试点方案，总结经验有待铺开。“告老还乡”或“壮年还乡”，可还“故乡”，也可以选择“他乡”。

可申请积分人群必须是城镇户口中资源丰富型、公益慈善型、爱乡爱土型、技术应用型、资金富集型、农村急需型群体。对农村急需的各类高端人才提出清晰硬性积分指标，如离退休副部级以上、院士、正高职（研究员、教授）及相关农技领域工程技术人员、主任（教授级）医师、中小学特级教师、有实力的企业家群体等，学位以与农业相关的科技领域博士为主。同时，明确限制性、约束性、强制性和量化性权利义务指标，以及年度绩效考核退出性指标。合格者，将获得政府颁发的“农村人绿卡”，与本村农民享有同样宅基地交易、土地承包权和流转经营的权利，正式成为一名真正的“村民”。

在中国历史上，村屯新农民的输入多处在农村土地私有制时代，形态大概分为有组织军队迁移成边、战争灾荒逃难自主逃荒和大规模行政命令等类型。而新中国成立后主要是两类，一类是农垦军垦生产建设兵团运营模式，用特殊城镇户籍体制来经营国有农场农耕地模式。实践证明，生产建设兵团模式成功的根本是土地和户籍融合制度成功。另一类是20世纪六七十年代时知识青年上山下乡运动模式，失败的原因是户籍到农村而土地制度改革没跟上。可以设想，如果1968年上山下乡运动与农村土地联产承包责任制改革同步进行，这不仅留住知识青年身也留住了心，数百万城里有知识年轻人成为真正的新农人，对于中国基层治理能力提高、乡村文明建设、农业现代化人才优势发挥等将起到多大作用，值得总结和反思。

积分落户农村户口户籍改革新模式，就是要在不做大的土地制度大变动现有模式的前提下，寻求系统解决农村“三农”症结问题。乡村振兴的关键在产业，乡村治理的关键在文化，农业现代化的关键在新农人的现代化。开通有效疏导城市的人力资源、技术资源和资金资源有序进入农村，让部分城市的合适人群的人、财、物、身和心都留在土地上，最终实现城乡之间各类资源自由流动，城乡差别缩到最小，城乡文明交融互鉴相得益彰，一个人选择进城还是出城，就看其个人精神追求、生活方式和价值取向的自愿选择。通过城乡协同乡村振兴之路，最终实现富强、民主、文明、和谐、美丽的社会主义现代化强国，也是对全人类文明进步之路贡献中国智慧。这，就是中国梦。中国城里人的梦，每个中国人的乡土田园梦。

（本文发表于国务院发展研究中心《经济要参》2019年第14期、《人民政协报》2019年3月18日）

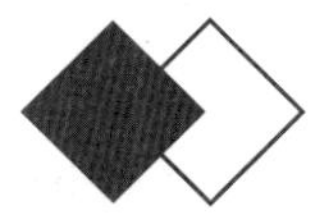

时代呼唤“中国学生节”的诞生

翻开日历，我们就会看到一个个再熟悉不过的“节日”。“元旦”“春节”“妇女节”“劳动节”“青年节”“儿童节”“建军节”“教师节”……

每一个节日，既有优秀传统文化的固化，也有时代和历史赋予的特殊内涵；都分别代表着一个特定的人群或一个地域、民族或国家所有或部分人对某一共同价值观念的崇尚，代表着对某一特定历史时期、某一特定历史事件的纪念。那个固定的日子，年复一年，周而复始，使一代或几代特定的人群在尽情的欢畅、无尽的思念和深深的烙印中成长起来。

节日，对我们的生活的确很重要，但是，为什么没有一个专为学生这一特定人群设立的“世界学生节”或“中国学生节”呢？虽然“青年节”和“儿童节”似乎已经涵盖了学生时代的学生，但这两个节日并没有赋予这个人群专门的学习使命。

改革开放初期，邓小平同志明确提出“科技是第一生产力”，要实施“科教兴国和可持续发展战略”“尊重知识、尊重人才、尊重教师”等一系列重要思想，尊师重教成为时代主题。于是，“教师节”正式在华夏大地上诞生，并被赋予时代的使命，在我国的社会主义建设中发挥着越来越重要的历史作用。

进入21世纪，随着经济全球化、信息化和知识经济时代的到来，中国传统的教育体制和教育模式面临着新的挑战。学习和学习能力成为新时代主题，掀起了人人学习、终身学习、人人当学生的新一轮学习热潮。在这样一个时期，设立“中国学生节”真的很必要。我建议，“中国学生节”的时间可以考虑设在每年的9月1日。

可以设想，“中国学生节”的诞生一定会在中国教育，乃至世界教育的发展历史上留下光辉灿烂的一页。

（本文发表于《中国教师报》2003年6月18日头版）

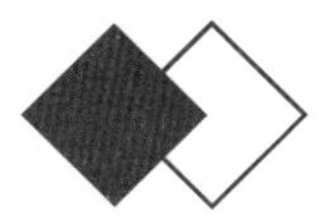

请农民进城 鼓励富人上山下乡

从2011中国新财富论坛组委会获悉：在2011中国新财富论坛筹备会房地产专场议题筛选讨论会上，中国房地产学会执行会长、北京房地产学会常务副会长陈贵又抛出新观点："中国城市化必须两条腿走路，'请农民进城，鼓励富人上山下乡'"。

陈会长说中国走城市化道路，为什么只想到让农民进城？那是因为有些地区农民"被"紧锣密鼓的城市化热潮冲昏了头脑，甚至有的城市在城市化进程中笑话百出。我们不得不思考一个问题，我们为什么非要搞城市化，到底谁热衷城市化！是政府、是地方长官，还是农民自己？几亿人的密集城市化道路，世界上没有先例，中国人口流动来得如此迅猛始料未及。

大城市资源和中等城市土地承载能力瓶颈，加之"城市病"已经蔓延到中等城市，城市已经表现出未老先衰病态征兆。仅仅让农民进城的中国城市化发展道路，终将不可持续。俗话说，人往高处走，水往低处流。可否尝试让城里的富人自愿"上山下乡"？

陈会长提出打破城乡土地二元结构，为什么不可以先拿荒山荒坡试水？

当前集体林权改革初见成效，这是继农村联产承包责任制以来，最彻底的土地产权制度改革。北京周围好多的荒山野岭变成了别墅区、风情园和木屋群，昔日的穷山恶水，林木稀疏的穷乡僻壤，如今是旧貌换新颜，人见都说美，真有欧洲的田园生活味道。但是，目前还多是无产权状态，协议租赁或会员制。

城市周边的荒山荒坡可以参考集体林权改革经验，引导城市资金和富人参与投资，按照市场经济规则彻底放开，实现 50 年或 70 年承包机制予以法律保护，所得拍卖资金反哺农村、农民。富人量化地块自建别墅，绿化荒山，改善小流域，美化山区。如果是这样，山区的农民还会进城吗？为富人做好服务和保障，在青山僻壤完全可以实现小城镇化。大家成了邻居，最终就会实现富人帮助穷人，穷人服务富人，富人的慈善和公益行动也就有了诉求和内心动力。

陈会长还说让城市资金和人在农村真正安家，土地流转的中国大农业才有根基。

随着农村土地流转制度的全面推开，更多的资金进入农业产业，由于目前农村宅基地不能买卖，投资方在农村只是借用村里老乡家借宿办公，为了吸引城市资金进入农业和农村，设置投资门槛，鼓励以村为家，农村宅基地改革可以在政策上试水。

市场经济的根基就是产权经济，有了法律保护，就有安全感。验证了那句老话，利益到位了，心思就到位了。

（本文发表于 2010 年 10 月 30 日和讯地产网）

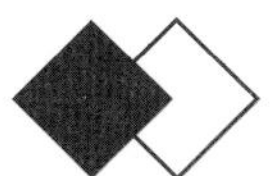

“税与睡”——如何高质量发展

俗话说，吃好睡足，原本是最省钱、最简单、最实用也最朴实的养生真经秘籍，反而最容易被忽视。没有全体人民集体的身心健康，就很难实现高质量的全民族物质和精神的全面小康。本文的核心思想概括为：“睡—税—睡！”试图说明一种事实：谁的税没有如实缴足，谁睡觉就一直不踏实。

无税不国，无国不税

政府只有过紧日子，人民才能过上好日子，这是贯彻落实新阶段、新理念、新格局的必然要求，也是实现高质量发展的必然选择。自 2016 年到 2020 年，积极的财政政策的基调分别为“加大力度”“更加积极有效”“聚力增效”“加力提效”和“更加积极有为”。用了“提质增效、更可持续”八个字为2021 年政府工作报告中对积极的财政政策的定调。分析来看，财税体系结构性改革必然是财政税收高质量发展首选项。税，国之大事，无税不国，无国不税，税为法定，公平正义。老百姓熟知的词：税赋或税费。“税和赋”，均为形声字，“税”字意为由“禾 + 兑”二字组成，蕴意“民以禾为兑”；“赋”字意为由“贝 + 武”二字组成，“贝”

在古代代表货币，“武”表示用之于军事战争。《汉书·食货志》中“有税有赋，税以足食，赋以足兵”；《说文解字》中，“税，租也，田赋也，赋，敛也。”除此之外，现代意义上的税赋功能中，通过财政转移支付，也有调节收入分配，实现共同富裕作用。财政收入中的“主力成员”是税收收入。税，分为直接税和间接税，二者的分类方法是以税收负担能否转嫁为标准。直接税，是指直接向个人或企业开征的税，是指纳税义务人就是税收的实际负担人。包括个人所得税、房产税、企业所得税、遗产税等。间接税，是指纳税义务人不是税收的实际负担人，纳税义务人能够用提高价格把税收负担转嫁给别人的税种。包括增值税、营业税、消费税以及关税等都属于间接税。

减税降费，势在必行

当前，财政收入大头还是税收。“十三五”时期全面推广“营改增”，实施个人所得税改革，以及一系列降费措施的落地落实，财政收入增速从 2017 年的 7.4%，逐渐下降到 2019 年的 3.8%。从 2016 年到 2018 年财政收入中税收分别突破 13 万亿元、14 万亿元、15 万亿元，年均增长 6%。2016 年到 2019 年，财政支出分别突破 18 万亿元、20 万亿元、22 万亿元、23 万亿元，四年增长约 1.4 倍，年均增长率达到 8%，四年总量超过 85 万亿元。“十三五”期间，估计我国财政收入累计在 88.6 万亿元左右，预计累计减税降费规模达到 7.6 万亿元左右。2020 年，面对严峻复杂的形势，政府连续发布实施了 7 批 28 项减税降费政策，全年新增减税降费规模超过 2.5 万亿元。目前，我国税收占国内生产总值的比值在世界主要经济体中是最低的，比值逐年下降，从

2015 年的 18.1% 下降到 2020 年的 15.2%。按照提质增效和更可持续财政总基调，减税降费大势所趋，尤其是为中小企业普惠减负，短期来看必然导致财政吃紧，但不必然导致财政持续萎缩。理论税负和实际税负与征缴能力相关，当然也要考虑征收成本与效率。客观评价中国企业和个人真实赋税状况，才能有针对性制定合理、公平税负政策并形成成本低、效率高、足额缴纳的税收新常态。可以肯定，由于税收体系体制机制落后、征管技术能力、法制公民觉悟等因素，绝大多数企业和富裕中产阶层完全如实纳税比例不高。如果将赋税降到更加合理水平，发挥大数据分析运算能力，堵住偷逃避税漏洞，减少全社会整体犯罪负罪感，形成税前税中税后监管闭环，加大违法成本联合惩戒力度，应能形成全社会如实报税，足额交税，主动交税，纳税光荣新局面。激发主体活力，扶植新生税源，放下原罪包袱，整体轻装前进，财政收入在合理税赋较低征管成本水平上必然会不降反增。全社会“睡得香”，全社会“税就足”。

平衡赤字，强大消费

2020 年，为应对疫情冲击，中央政府发行了 1 万亿元抗疫特别国债。2020 年财政赤字率由 2019 年的 2.80% 大幅提升至 3.60% 以上（首次突破 3%），而赤字规模也由 2019 年的 2.76 万亿元扩大至 2020 年的 3.76 万亿元。具体来看，2003 年最终消费支出对 GDP 增长的贡献率为 36.10%，较资本形成总额低 32.7 个百分点；而 2019 年最终消费对 GDP 增长的贡献率为 57.80%，较资本形成总额高 26.6 个百分点，消费和投资对经济拉动的主次地位已经完全改变。居民可支配收入不提高，不愿花钱不敢花钱，没有消费能力，扩大消费拉动增长就没有原动力基础。许多发展中国家高增长就是杠杆式倍增式跨越式发展负债之路。对于整个国家，发债欠债不可怕，怕的是过剩烂尾，怕的是吃干喝净。扶贫攻坚投入了不少资源，但是推进了新型城市化和城乡区域一体化进程，必然激发强大消费推进经济增长和就业。财政政策就是要算大账。

化解存量，管控增量

《马斯特里赫特条约》规定欧盟财政赤字不超过国民生产总值的3%，公共债务不超过国民生产总值60%，就是在合理安全赤字区间，中国真正赤字率和负债水平仍在合理安全水平。况且中国特色社会主义制度优势，国企国资比重和改革红利释放空间和能力，以及风险应对腾挪调度能力是任何世界上发达国家都不具备的。有效化解合理管控地方政府债务存量和增量，合理负债发债，为社会税赋减负，用时间换空间，用直接税替换间接税，一定会强大国内大循环主体地位，实现国内国际双循环新的发展格局。

科学适当增加财政赤字规模，为企业和居民减轻税费扩大消费空间，还富于民，强基财政。发展是第一要务，改革是第一动力。高质量发展，高质量财税管理体系和治理能力现代化水平，就是按照算大账、看长远、不短视、可持续宏观财税治理思维理念，一定会开启活力四射、风险可控、既往不咎、共同富裕、国泰民安的新时代。

（本文发表于2021年3月13日《人民政协报》）

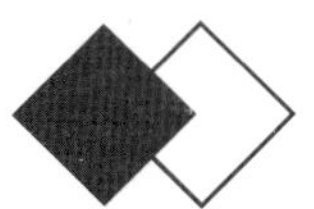

“十四五”换上新引擎

人类长河的文明列车，不同阶段都有自己时代的引擎。人类社会经历了以人力为主的农业文明、以机器为主的工业文明、以网络数字化为主的数字文明时代、以共生哲学为主的人与自然和谐相处的生态文明时代。

数字经济本质是以互联网、信息化、大数据为特征的经济形态，数字经济也可以称之为信息经济或智慧经济。从 2G 落后、3G 模仿追赶、4G 同步到 5G 超越，新基建升级和软件算法能力构建将成为未来投资重点。大数据、云计算、物联网、生产力三要素（生产资料、对象和劳动者）是实现数字赋能、效率提升和智能制造的根本，全球化竞争带来科技的进步，这就要求全要素配置效率必须提升，生产效率必须提升，要求必须降低经济运行成本，进一步释放社会生产力。数字经济已成为工业 4.0 或后工业化经济时代的本质特征。

中国信息通信研究院研究显示，我国数字经济增加值已由 2011 年的 9.5 万亿元增加到 2019 年的 35.8 万亿元，占 GDP 比重从 2011 年的 20.3% 提升到 2019 年的 36.2%。数字经济在北京、上海等城市地区经济中占据主导地位，GDP 占比已超过 50%。数字技术支撑的新产品、新服务、新业态、新商业模式成为经济增长的主要贡献力量。数字经济将改造传统产业，进一步提升经济增长的潜在增长率和国内消费力。特别是2020年，数字经济为我国新冠疫情防控作出了重要贡献，从数字经济发展及其所表现出的强大作用来看，数字经济可以成为推动我国经济双循环发展格局的重要抓手。

“十四五”规划将围绕高质量、双循环、持久战、新突破等关键词展开相关研究和谋划，以5G为代表的新基建将成为“十四五”期间投资重点，以数字经济为特征的新行业新业态新模式将渗透到经济社会发展各个领域。数字技术将不断打破行业壁垒，跨界连接多个企业、多个产业和多种生产要素，形成连接广泛、联系紧密的产业生态圈，生态圈内的消费者、企业和各种生产要素彼此连接，不断挖掘用户需求，同步迭代，实时互动，及时满足用户需求。数字化网络平台能够聚合产业链上多环节多种类企业和多种生产要素，为各方提供多种类型的交互机会，提供企业所需的各种服务。与线下单点连接的传统产业链相比，数字化平台能形成多点连接的产业网络，大大增强了产业链的稳定性和安全性。

可以预见，“十四五”期间，我国数字经济将呈现爆发式增长，国内需求将井喷式发展，数字经济必将成为“十四五”我国经济高质量发展的新引擎。

（本文发表于《发现》2020年9月智库版）

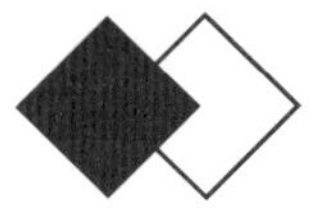

科研伦理：科学技术的安全阀

科研伦理是安全阀，既保护科学研究在社会伦理规范下顺利进行，也保护人类社会秩序不受太大冲击。习近平总书记在“2021 中关村论坛”开幕式上指出，塑造科技向善的文化理念，让科技更好增进人类福祉，让中国科技为推动构建人类命运共同体作出更大贡献。[①] 在 2021 年的两院院士大会和中国科协第十次全国代表大会上，习近平总书记特别强调，希望广大院士做坚守学术道德、严谨治学的表率。诚信是科学精神的必然要求。广大院士要做学术道德的楷模，坚守学术道德和科研伦理，践行学术规范，让学术道德和科学精神内化于心、外化于行，涵养风清气正的科研环境，培育严谨求是的科学文化。

《中华人民共和国刑法修正案（十一）》中规定，不得强迫任何人证实自己有罪（为避免刑讯逼供发生）；不得强

①《习近平：在中国科学院第二十次院士大会、中国工程院第十五次院士大会、中国科协第十次全国代表大会上的讲话》，新华网，2021-05-28。

制被告人的配偶、父母、子女出庭作有罪指证。人类社会秩序演变进程，法治之前靠道德。伦理是法律的基础，法律是伦理的底线。

科技是科学和技术总称。科学是指，发现、积累并公认的普遍真理或普遍定理的运用，已系统化和公式化了的知识。技术，在狄德罗主编《百科全书》中的表述是，人类为实现社会进步的需要而创造和发展起来的手段、方法和技能的总和。

伦理，是指在处理人与人、人与社会相互关系时应遵循的道理和准则，是指一系列指导行为的观念。它不仅包含着人与人、人与社会和人与自然之间关系处理中的行为规范，而且也深刻地蕴涵着依照一定原则来规范行为的深刻道理。伦理作为道德守则，既有约定俗成又有理性建构。科学伦理又称“科研伦理和科技伦理”，涉及科研全过程的责任伦理、选题伦理和结果伦理。

1978 年，第一例试管婴儿在英国诞生。2010 年，“试管婴儿之父”罗伯特·爱德华兹才获得当年的诺贝尔生理学或医学奖。为什么这么晚？在科技伦理关于基础价值取向选择方面需要就人类“可持续发展”达成广泛国际共识，即满足当代人的需求而不影响后代人满足需求的能力。在这样的价值取向下，建立科技伦理理论、规范和监管体系，将要求原有的技术体系、治理体系做出改变，并与科技风险监管责任相匹配。

科研伦理不是阻碍束缚科技进步，而是规范科技研究发展的方向。为分析和总结各学科领域、国家和社会共同遵守的伦理原则，美国兰德公司曾发布《科学研究中的伦理》报告认为，科学研究应遵循社会责任、仁慈、规避利益冲突、知情同意、诚信正直、不歧视、不剥削、保护隐私、专业能力和纪律等共同的伦理原则。

科技伦理学作为一门新兴的交叉性边缘学科诞生于20世纪70年代。首先是因克隆技术与伦理学相结合诞生的产物走进人们的视野。其后，随着基因编辑、生命科学、人工智能，以及数据共享与隐私保护与基因歧视等，不仅引起哲学家与伦理学家关心，甚至引起人类社会的质疑和恐慌。随着科学技术的迅猛发展，也带来了医学伦理、环境伦理、生态伦理等讨论与关注。

爱因斯坦曾说："科学是一种强有力的工具，怎样用它，究竟是给人带来幸福还是带来灾难，全取决于人自己，而不取决于工具；科学家和工程师担负着特别沉重的道义责任。"德国哲学家尤纳斯指出，随着技术进步，建立在个体伦理基础上的传统伦理学存在局限性，呼唤构建"一种通过调节人的行为，确保人类长久续存的伦理学"，这样的伦理学应该是以责任为中心的责任伦理学，也标志着作为应用伦理学的科技伦理学的诞生。这提醒科学家如何权衡认识自然，尤其是把握改造世界的尺度。

科技向善，科技有未来，人类才有未来。

（本文发表于《发现》2021年10月智库版）

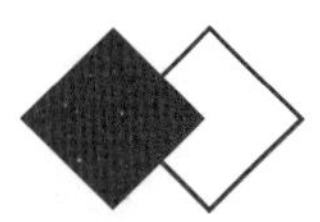

培育社会的科学精神

长期以来，人们往往从物质成就上去理解科学，而忽视了科学的文化内涵及社会价值。纵观人类发展的历史，不难看出，核心技术的创新，无一例外源自于一开始的重大原创性的科学理论的突破，就是原始科学发现，而原始科学发现则依赖于科学精神、科学方法，以及良好的社会环境。

关于科学精神，我国近代著名思想家和教育家梁启超先生曾有论述：有系统之真知识，叫作科学；可以教人求得有系统之真知识的方法，叫作科学精神。但培养科学精神，传承科学精神却不仅仅是科学家或科研工作者的事情，需要全社会共同培育，重新认识科学，理性研究科学，推动全社会形成良好的科学文化氛围。

科学和技术已成为社会的有机组成部分，科学家不可能再将自己从社会的关注中孤立出来。科学家应关注和参与科学知识更广泛的运用，并在教育社会公众了解科学的内容和科学的过程方面扮演角色。科技工作者作为科学研究的主体力量，当仁不让地应该成为科学精神培育、普及、传承的主力军。我国著名科学家“两弹一星”功勋王大珩院士曾说：“我们虽在科普方面做了一些工作，但是工作效果好像并不突出，这与我们科普工作者只谈科学事实，缺少对科学精神的普及有关。”在知识和信息大爆炸的现代社会，科学知识的普及变得愈发容易，普及科学事实不应再成为科普的主要任务，而普及科学精神反而变得尤为迫切。

科学家尤其是院士和知名科学家作为公众人物，在普及、传承科学精神方面可发挥更大作用，他们的现身说法将更好地激发青少年对科学事业的兴趣，提高全社会和公众的科学素养。中国科学院院士施一公认为："通过一言一行将科学精神辐射至大众观念，滋养大众的思想，内化大众的行为；让科技工作成为富有吸引力的工作，成为大众尊崇向往的职业，鼓励更多人投身科学事业。"

为了筹备第二十届中国科学家论坛春季峰会，在 2021 年 11 月期间，笔者先后拜访了李永舫院士、吴丰昌院士、匡廷云院士。在与这些院士交流的过程中，深切地感觉到他们身上那种求实、求真、创新的科学精神。

社会和公众也应该对科学有更加客观、理性的认识，不断提升科学素养，加强对科学精神的理解。互联网已经渗透到生产、生活的方方面面，知识和信息加速流动、即时互换，为在线教育和科学普及提供了便利，应该利用好互联网这一工具创新，提升我国科学教育和科学普及的内容和形式，增强公众兴趣，激发青少年的科学梦想。在科学教育和科学普及中，不仅要凸显创新成果和创新人才，更要凸显科学认知过程和可能的风险，普及科学思想、科学精神、科学方法。

培育科学精神、普及科学知识绝非一日之功，也很难立竿见影。但这一工作必须重视起来，要坚持不懈，久久为功，不断探索新的方法，建立合理机制，充分发挥科学家的引领作用，从而唤起全社会的重视，并始终秉持科学精神，吹响创新冲锋号，为我国科技创新发展提供坚实的人文基础和社会支撑。

（本文发表于《发现》2022 年 1 月智库版）

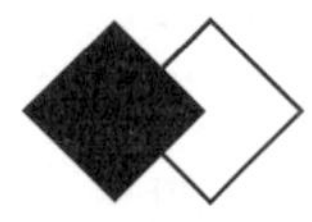

宽容对待企业家

企业家（Entrepreneur）一词来源于法语，其原意是指“冒险事业的经营者或组织者”。坎迪隆（Richard Cantillion）和奈特（Frank Rnight）两位经济学家，将企业家精神与风险（risk）或不确定（uncertainty）联系在一起。没有甘于冒风险和承担风险的魄力，就不可能成为企业家。商业风险、法律风险、破产风险，都是常见的风险，反映了企业家职业的高风险特征。

英国经济学家阿尔弗雷德·马歇尔认为，企业家是以自己的创新力、洞察力和统率力，发现和消除市场的不平衡性，创造效用，给生产过程提出方向，使生产要素组织化的人。

企业家是经济增长的核心，也是发现和创造市场的源动力。企业家是经济活动的重要主体，企业家的地位和重要性在一步步凸显，企业家所需承担的社会责任在逐渐增加。企业家精神早已超越了企业管理范畴，扩大到整个经济社会发展层面，成为决定我国经济转型发展、新旧动能转换成功的主要推动力。

新冠疫情对全球经济产生巨大冲击，同时叠加国际形势，我国经济面临需求收缩、供给冲击、预期转弱三重压力。百年变局加速演进，外部环境更趋复杂严峻。关键时期，更应该稳定企业家群体投资信心。2022 年国务院政府工作报告中提出，工作要坚持稳字当头、稳中求进。继续做好“六稳”“六保”工作。“稳”之工作，离不开企业家的付出与努力。如何给企业家以更广阔的空间，更友好的营商环境，是一个重要的课题，需要全社会来共同关注。

一个地方营商环境好不好，关键看赞美成功与宽容失败的创业文化氛围，是否体现出对企业家创业失败关怀的人文性和监管的包容性。理想的商业环境，应该释放出一种自由、和平与宽容的气息，而不是一种紧张、固执而排他的成王败寇的功利思想。诚然，人们在心中总是默默祈祷出现完美的商业领袖，他们具备精英所具备的一切素质，却又从不犯错，而事实上，没有允许犯错的舆论和文化环境，美国就不可能产生乔布斯式的完美主义企业家精神。

2022 年全国“两会”上有省长提出，越是困难的时候，越要体谅和懂得企业特别是企业家的不易，多给他们力量和信心。此话可赞可叹。让企业家大胆地去创新、去闯、去拼，哪怕存在一定的风险，以宽容之心对待企业家，社会得到的也许就是一个更加具有活力和创新精神的企业家群体。

（本文发表于《发现》2022 年 3 月智库版）

得民心者，得天下

关键是如何得民心

自古名言：得民心者得天下，失民心者失天下

“民”通常被理解为民众

认为欲得天下

一定要争取广大民众的心

其实

得天下的难点是争取大多数反对派和一部分敌人的心

以及中间派的心

如果用数字表示

用在争取反对派和敌人、中间派、民众上的精力

应该是 3:2:1

—— 陈贵

『陈』观大势

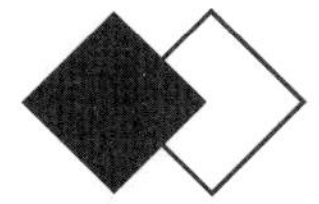

发展：永远是硬道理

2020年我国GDP突破100万亿元，增长2.3%，成为全球唯一实现正增长的主要经济体。这在哀嚎一片的世界经济环境中，无疑是"风景这边独好"。

作为一个发展中国家，发展永远是最关键、最重要的问题。1992年1月29日，小平同志南巡途经顺德，视察了以"容声冰箱"闻名遐迩的原珠江冰箱厂。小平在听完原顺德县以及珠江冰箱厂的发展情况汇报后，当即给予了肯定和鼓励，并发表谈话说："我们的国家一定要发展，不发展就会受人欺负，发展才是硬道理。"

习近平总书记多次强调，以经济建设为中心是兴国之要，发展是党执政兴国的第一要务，是解决我国一切问题的基础和关键。往大了说，实现两个一百年奋斗目标，实现中华民族伟大复兴的中国梦要靠发展；往小了说，民生兜底，医疗养老，社会稳定，也要靠发展。①

① 《发展是解决一切问题的基础和关键》，《学习时报》2017年6月16日。

发展会产生一些问题，但发展更能解决很多问题。如果发展止步，发展停下来，则会有更多问题无法得到解决。当前国际上单边主义、保护主义、逆全球化抬头，不稳定、不确定因素增加，我国发展外部环境复杂严峻；国内发展不平衡、不充分的问题仍然突出，结构性、体制性和周期性的矛盾并存，社会民生领域还存在不少短板弱项。所有的挑战和难题，都必须在发展中予以解决。

很多地方政府都将 2021 年 GDP 增长目标定在 6% 以上。东部省份如广东、上海将 2021 年 GDP 增速目标统一设定在 6% 以上，中部省份河南、湖南、山西等经济增长目标为 7%～8%，湖北作为 2020 年受疫情影响最大的省份、海南由于自贸港政策利好，2021 年经济增长目标设定均在 10% 以上。

比发展更重要的是高质量发展，而高质量发展的关键又在于创新驱动。因此，党的十九届五中全会指出，坚持创新驱动发展，坚持创新在我国现代化建设全局中的核心地位，把科技自立自强作为国家发展的战略支撑，面向世界科技前沿、面向经济主战场、面向国家重大需求、面向人民生命健康，深入实施科教兴国战略、人才强国战略、创新驱动发展战略，完善国家创新体系，加快建设科技强国。

高质量发展是解决一切问题的总钥匙，科技创新是战胜困难的核心武器，因此要高度重视原始创新和自立自强创新。通过创新驱动发展，为加快形成以国内大循环为主体、国内国际双循环相互促进的新发展格局构建坚实基础。

（本文发表于《发现》2021 年 1 月智库版）

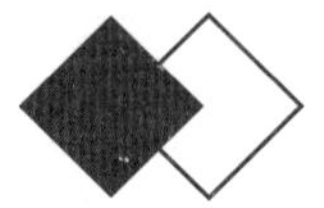

生态即哲学

生态（Ecology）一词，是指生物的生活状态。Ecology一词源于古希腊语“oikos”和“logos”，指“家”或“居所”，还有“研究”。生态学，研究生物住所的科学，强调有机体与其栖息环境之间相互关系的学问。

“生态学”是德国生物学家恩斯特·海克尔于1866年定义的：生态学是研究生物体与其周围环境（包括非生物环境和生物环境）相互关系的科学。1935年，英国学者坦斯勒进而提出“生态系统”的概念。目前已经发展为“研究生物与其环境之间的相互关系的科学”。

生态经济学（Economics）一词也源自同一希腊文词根“Oikos（家庭）”和“Nomics（管理）”，可以解释为“家庭的管理”，可见，生态学与经济学应该是具有密切相关性的科学。经济学家 Robert Costanz(1978) 认为，生态经济学是一门在更广范围内讨论生态系统和经济系统二者之间关系的学科，经济资本、自然资本和自然资源货币化估算等概念的提出，强调人类的社会经济活动与其带来的资源和环境变化之间的相互关系，确认经济学和生态学的相互渗透、相互结合和相互依存。据估算，全球生态系统的产品和服务综合货币估算平均每年为33万亿美元。

生态哲学：1973年，阿伦·奈斯提出“深层生态学”理论，将生态学发展到哲学与伦理学领域，生态哲学是哲学的一个分支，它是以生态系统为研究对象，以人与生态环境的关系为基本问题，经过理性反思而构建起来的一门相对独立的哲学学科。人与自然关系的研究是生态学哲学的基本问题，建立人与自然关系的科学理论，制定人与自然关系的战略与决策，寻找人与自然和谐发展的途径等。生态哲学提升了人类认识自然和新价值观、伦理观和新理论等等的高度，属于当代科学与哲学结合的理论研究领域。

生态文明：1995年，美国著名作家、评论家罗伊·莫里森在其出版的《生态民主》一书中，提出了现代意义上的生态文明概念。生态文明是人类遵循人、自然、社会和谐发展客观规律而理性获得物质与精神成果的总和，是构建人与自然和谐共生、良性循环、全面发展、持续繁荣的世界观、价值观和社会形态，也是贯穿于经济建设、政治建设、文化建设、社会建设全过程和各方面的系统工程，反映社会理性、科学和文明进步状态。

人类在认识和改造自然的实践中，从以人为中心向人与自然和谐相处演变，经历了漫长的时间。生态学，不仅是一门生物科学，还是一门社会学、经济学和人类科学。生态学，探索人类如何与地球及地球上生物物种动态、持续和谐共生的生存哲学。

（本文发表于《发现》2018年7月智库版）

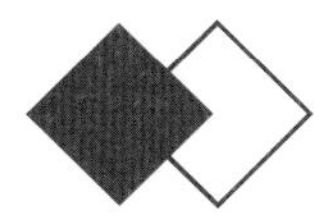

向失败学习

马修·萨伊德，英国乒乓球名将，凭借自学考入牛津大学，以一等成绩毕业。这位英国作家在《黑匣子思维——我们如何更理性地犯错》一书中，阐述了自己对于"失败"的另类看法，这也就是"黑匣子思维"概念的出处。

"黑匣子思维"典型应用的实践案例，来自于1980年7月，在一份美国解密文件中发现的提交给美国军方《以幸存者损伤程度为基础判断飞机弱点的方法》的报告。这一报告的提交人正是被誉为"'二战'中的数学战士"——犹太裔奥地利伟大数学家亚伯拉罕·瓦尔德。

"二战"中被迫来到美国的瓦尔德接受了美国军方的重要任务——帮助解决"轰炸机返航率仅略高于50%"问题，如何打破"飞行员在出征前就已经化身幽灵"的战争魔咒。说白了，就是提供在什么部位给轰炸机增加装甲的系统解决方案。

根据大量军方提供的数据资料和返回破损轰炸机现场拍照取证，结论显示：中弹孔主要分布在机头、机尾和机翼部位，座舱和油箱基本完好无损。最后，空军指挥部的解决办法是在容易被击中的部位加装装甲。然而，瓦尔德提出了反对意见。他意识到，空军指挥官忽视了一个关键性致命问题，指挥官只注意到了“返航战机”伤情部位，却忽视了“阵亡飞机”为何被击落。瓦尔德的结论是，座舱和油箱是飞机最脆弱部位，没有返航的飞机就是被击中这两个部位，其他部位根本不是飞行的致命部位。最终瓦尔德加固座舱和油箱的建议被军方采纳。

哈佛大学教授艾米·埃德蒙森教授指出，从失败中学习向来不是一件简单的事情。有些企业家缺少发现并理性分析失败的态度和行动，分析问题不能仅仅停留在问题的表面，要有发现隐含的失败经验、教训的态度。黑匣子思维，其实是指一种对经常可以在失败后总结的教训，开展调查并从中学习的意愿和决心。向失败虚心学习，从来都不容易。泰戈尔曾说过：你因错过太阳而流泪哭泣，你必将再次错过璀璨的群星。

失败，是成功之母，这可不是一句简单的“格言”。“黑匣子思维”给企业家的启示是，与其稀里糊涂的成功，还不如明明白白的失败。

（本文发表于《发现》2017年11月智库版）

常识，是门大学问

"常识"一词，即指普通知识、浅显知识或平常知识，是一般人所应具备且能了解的知识。如：自然常识、生活常识、文学常识、科学常识等。常识，指从事各项工作以及治理政府企业管理和进行学术研究所需具备的相关领域内的最基本素养。

维基百科关于"常识"解释：常识（中文）有两个意思，一是英语"Common Sense"的翻译，指与生俱来、无须特别学习而得的思维能力、判断力，或是众人接受、无须解释或论证的意见观念，也即"寻常见识"；另一意思是指普通社会上一个智力正常，受到基本教育、具备基本素养的人应有的知识，也即"平常知识"。

在各种关于"常识"概念批判辩论观点中，最著名而且影响最大的，无疑是英国分析哲学家摩尔(G. E. Moore)的观点，尤其他在"捍卫常识"(A Defence of Common Sense, 1925)和"外部世界的证明"（Proof of an External World, 1939）等文中赋予"常识"以完全现代的意义，使"常识"一度成为热门的"哲学"话题。

《常识》一书是由托马斯·潘恩（Thomas Paine, 1737～1809）于1776年1月以"一个英国人"的署名而发表的，内容确实如书名所言，全是“常识”。这本书以其删繁为简、深入浅出的小道理所产生的说服力、震撼力和影响力，成为世界上第一本真正意义上的“畅销书”。仅50页的小册子——《常识》，三个月内售出十多万册。在北美十三个州人口仅为250万人的殖民地里，总共售出了五十多万册。它还被誉为美国奠基档之一，影响并构建了《独立宣言》的精髓，成为美国独立经典之中的经典之作被载入史册。

而人类学家吉尔兹（Clifford Geertz）说：“常识是一种文化体系。”常识，在所有的学问知识见识中，最简单、最本真、最珍贵。常识，是在大多数人不敢说的怯懦时刻说出本源、本质、真相；常识，是在大多数人不明白的困惑时刻看出逻辑、破绽、真相。常识的伟大之处，就在于告诉世人：皇帝并没有穿着衣服。潘恩的《常识》之所以成为影响美国人的优秀读本，就是因为它让人们明白，啊，原来是这样的啊。“常识”一词是“理智”“智慧”之意。

“常识”，是西方哲学中经常被提到的一个重要概念。它具有普遍性、直接性、明晰性的品格，其内容涉及形而上学、认识论和实践哲学的各个方面，因此成为西方哲学中被经常讨论的话题，它具有特定的升华理论含义和思维认知学术价值。常识可以被定义为：“理智正常的人通常所具有的、可以用判断或命题来表示的知识或信念。”

一个被骗的人不是因为无知，而是其忘了基本常识。戳穿高妙晦涩的伪逻辑命题的办法，往往靠常识最有效。艾耶尔说：哲学家没有权利轻视关于常识的信念。如果他轻视常识的信念，这往往只表明他对于他所进行的探究的真实目的毫无所知。

（本文发表于《发现》2019年2月智库版）

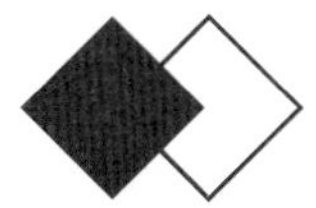

芯片，到底难在哪儿？

科学和技术的每一步跨越，都是几代人智慧积淀和技术迭代的结果，基础科学和材料学理论创新是推动人类科技革命的制高点，芯片是半导体迭代集成升级的过程就是典型的例证。

1947年，美国贝尔实验室的肖克利（W. Shockley）任组长，成员包括巴丁（J. Bardeen）和布拉顿（W. Brattain），发明了主要以锗为材料的半导体晶体管，标志着现代半导体产业的诞生和信息时代的开启。后来陆续发现硅不仅比锗更加稳定，而且在地球的含量也更多，成本更低，更加容易提纯。硅半导体的诞生开启了全球人类信息智能技术新时代，为集成电路芯片的诞生做好了铺垫，因"硅"而名的"硅谷"也因硅半导体开发应用应运而生。

芯片（IC：Integrated Circuit，集成电路）是指内含集成电路的硅片，体积很小，为智能电器的核心部件。芯片一直充当着"大脑"的位置，其复杂程度远高出高铁和大飞机，甚至超越航天飞机、原子弹和火星登陆技术的难度。

芯片的技术含量和资金极为密集，生产线动辄数十亿上百亿美元，人才也是这个行业的稀缺资源。芯片难做表现在三个门槛：芯片的核心技术为材料能力、架构设计能力和工艺能力。因为芯片是民用商品，必须符合成本和效率模型优化的经济规律，接受质优价廉效率高的市场经济竞争门槛。芯片是一堆线路而非铜线，而是硅原子在逻辑相当复杂小空间的集成电路，必须跨越知识产权专利及其他因素的技术壁垒门槛。制造工艺要求用光刻槽刻得越来越细，光的波长是纳米级别的，无法跨越生产工具的高集成和人才准备门槛。

仅仅光刻机即可谓人类工业体系百年积累智慧的结晶，整机由千万的电路无丝毫偏差的三万余个零件构成，在指甲盖大小的芯片上面设计建造世界摩天大楼，千挑万选后，一块真正的芯片就这么诞生了。世界上只有荷兰的 ASML 公司掌握这最先进的光刻机。荷兰 ASML 公司掌握着最先进的 10 纳米甚至更好的光刻机，其最先进的 EUV 光刻机能卖到一亿美元以上，但是国内的光刻机技术水平仍然还在 90 纳米上，差距巨大，高端人才稀缺。高端光刻机号称是世界上最精密的仪器，分辨率通常在十几纳米至几微米之间，堪称现代光学工业之花，制造难度极大，全世界只有少数几家公司能够制造。

国外品牌主要以荷兰 ASML（镜头来自德国蔡司，光源来自美国 cymer 公司），日本 Nikon(intel 曾经购买过 Nikon 的高端光刻机）和日本 Canon 三大品牌为主。其中 ASML 作为世界工业体系的积累结晶，每一个零件每一项技术都是最顶尖的，ASML 高端光刻机领域占据了全球 90% 的市场份额。

（本文发表于《发现》2019 年 1 月智库版）

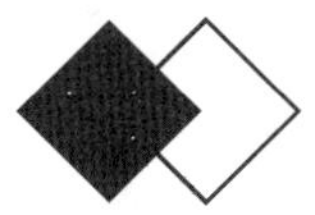

宽容失败 胜过神话成功

“创新”——求新是目前国内外经济增长的新驱动力，也已成为国际社会的普遍共识。

“创业”——求变是高风险高失败率的同义词，视死如归前仆后继大浪淘沙是常态。

羡慕成功、赞美胜者、崇拜英雄是简单的激励手法；弘扬、赞美、尊重“烈士”，善待“烈士后人”更会告慰先人，更有积极综合深远的价值。

小时候，始终不明白，各类战斗电影里，战斗中不丢掉伤员。丢掉伤员死者可以更好提升军队机动力、战斗力、聚焦力，但是，冒着炮火担架队、救护队抢救伤员场景时常出现，打扫战场后要掩埋战友的遗体，集体列队鸣枪敬礼致敬。

长大后，逐渐明白了，这是增强团队凝聚力和战斗力的重要组成部分。这，就是为了让尚且活着的将士，体会团队精神与甘愿赴死的价值。到底为何而战？善待烈士，才有后来者愿意再一次开赴战场，夺取胜利；善待失败者，敬畏失败者，甚至赞美失败者，相比崇拜少数成功的榜样，这，更具有鼓舞的力量。

在电影里，国民党军队中发“现大洋”的激励手段其实并无明显效果。共产党，把支部建到连队和地头上的做法，才是中国革命取得胜利的法宝。为此，强烈建议成立“中国企业家救助基金”，为企业家解决好后顾之忧，远胜过单调的“保护过剩落后烂尾”，产业政策引导扶持基金，更为务实、更为高效，也更为真诚。

在现实中，大众创业、万众创新，已经成为一种时尚的文化运动，企业家无论选择创业还是创新，都是将全家人的身家性命作为赌注，向着梦想和理想的目标挺进。如果，中国能有这样一支完全非官方的公益“救助”基金，真能管好老人，管好爱人，管好孩子……才会有一大批“战士”，带着大红花，面带笑容，义无反顾奔赴沙场，保家卫国，也必将造就一代楷模，成为民族的脊梁，成为国家的英雄。

宽容失败，需要勇气。赞美失败，需要情怀。拥抱失败，需要精神。善待失败，需要机制。敬畏、宽容、赞美失败者，扶持、鼓励、关爱创新创业者，才是勇者。培养不畏失败、拥抱失败的企业家精神，必将造就一个又一个的“成功者”的神话！

世界上造就了无数“伟大的成功”的范例，成功需要标榜，令人膜拜。世界曾上演过的“伟大的失败”，更需要赞美，用来敬畏。冈仁波齐之所以是令人尊敬的灵魂故里，因为它的神圣。期待它也能成为创新创业成功者和失败者供奉的“神山”。

◆◇ 引申：

成功看起来总是光鲜亮丽，而失败似乎灰头土脸。但成功和失败好比如影相随的孪生兄弟，又如大千世界的阴阳两面，它们相生相成，成就了辉煌的人类文明。

失败也是我需要的，它和成功对我一样有价值。

——爱迪生

不会从失败中寻找教训的人，他们的成功之路是遥远的。

——拿破仑

如果你问一个善于溜冰的人怎样获得成功时，他会告诉你："跌倒了，爬起来。"这就是成功。

——牛 顿

我之所以成功，是因为我知道别人为什么失败。

——马 云

成功是一名很差劲的导师，它给你的是无知与胆识，它不能给你的是下一次成功所必须具备的经验与智慧。

——郭台铭

（本文发表于《发现》2017年10月智库版）

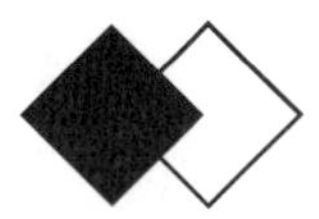

寻找现象背后的逻辑

2017 年 9 月 25 日，中共中央、国务院发布《关于营造企业家健康成长环境 弘扬优秀企业家精神更好发挥企业家作用的意见》，这是中央首次以专门文件明确企业家精神的地位和价值！这一历史性的文件也对企业家群体提出了新的期待，企业家需要提升思想境界，推进创新发展，履行历史责任，担当强国使命。

记得有一副对联，上联是“小住为佳，得小住，且小住”，下联是“如何是好，愿如何，便如何”。我也许与办期刊的姻缘依然情未了，也许我与企业管理创新话题还有未了情，在信息、时间和心情碎片化时代，知识碎片化，碎片化知识，企业家也一样，都关注热闹而非探寻门道。放下智能手机，企业家能坐在安静的椅子上放一杯清茶，读一本能让你安静的杂志，读完一篇闭上眼睛，然后，拿起笔来写一段批注，这样的时代都期待尽早实现。

社会变革的时代，知识爆炸的时代，知识分享的时代，可以不上大学就能无师自通的时代，你需要的知识在哪里？要么在隔壁的书架，要么在浩渺的大海。企业家就会算账，其实翻找知识本身就需要成本。过滤好有价值的知识，很重要。

知识、思想和智慧无法帮助我们富有，却能使我们自由。如能找到真的智慧，那我们的事业将不再盲目。基于这样的出发点，《发现》（企业智库版）办刊宗旨定位于促进企业家思想和理念更新的智库读物，帮助读者寻找现象背后的逻辑。时代轮回，返璞归真，只要办一本有温度、有思想且有格局的杂志，相信你、我和杂志一同会有清晰美好的未来。

（本文发表于《发现》2017年10月智库版）

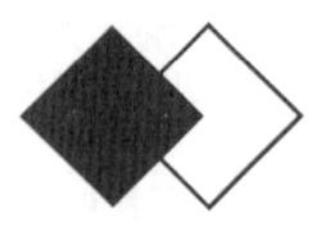

哈里森航海钟：人类工匠精神的典范

关于 GPS 全球定位系统，现在的人都不陌生，可是在 300 年前的大航海时代要想准确定位就难了。

1707 年，一支英国舰队在胜利返航途中迷失了方向，造成 4 艘战舰撞上了海岛而沉没、1500 多名水手丧命的惨重损失。1714 年，英国国会通过了《经度法案》(*Longitude Act*)，规定任何人只要能找出在海上测量经度的方法，便可以拿到 2 万英镑的奖金。荷兰、西班牙、法国也悬出类似的巨额赏金。

说到航海钟，大航海时代利用北极星或太阳测定纬度容易，测定经度就是难上加难了。航海钟发明近 300 年来，历经了古代航海钟、现代机械、石英航海钟、现代工艺航海钟的变迁。

欧洲各国想发明一个经度测量设备如十万火急。重赏之下必有勇夫，这时一个英国木匠出身的钟表匠——约翰·哈里森(John Harrison，1693—1776)揭榜了，目的为得到这笔 2 万英镑奖金。他通过自己掌握的制造钟表的原理和技能，充满信心地开始研究制造航海钟。1728 年接了这个活，1736 年终于造出了第一台航海钟，后人把它定义为 H1。1736 年造出 H2，1754 年造出 H3，前三代准确度可以，就是体积大、太笨重。1759 年，哈里森终于造出了一块直径为 13 厘米、重 1.45 千克的比怀表大一点的 H4 航海表。这项悬赏激励发明项目，哈里森一直从 35 岁干到 72 岁，大半辈子他就干了这一件事。几十年，为了赏金干活的哈里森有趣的故事一箩筐。最后，在国王的支持下打了几年"官司"，哈里森终于在 80 岁的时候拿到了国会全额奖金。

因哈里森倾其一生任性的工匠精神，让英国成为人类大航海时代世界的霸主。为表彰英国天文航海的贡献，1884 年国际天文学界召开会议，正式把格林尼治皇家天文台所在地定为本初子午线，也就是零经度。

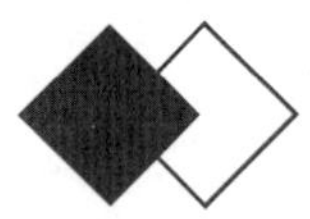

啄木鸟多了害虫就少

美国浑水公司（Muddy Waters）曾对多家中国在美上市企业发起过做空攻击，其中不乏拼多多、学而思、新东方等明星企业。浑水第一个做空对象是东方纸业，因质疑其财务造假的报告使东方纸业当周股价暴跌50%，还引来了美国证券交易委员会（SEC）对其长达三年的非正式调查。尽管调查结果是安全落地，但交锋期间的股价跌幅超过80%。浑水在香港市场对辉山乳业攻击直接导致其股价在2017年3月24日暴跌90%，辉山乳业董事会成员相继离职、一致行动人失联、银行追债、港交所指令停牌，最后进入临时清盘，旗下两家重要子公司也被债务人申请破产。

浑水做空新东方没有得逞是小概率事件。2012年7月18日，浑水发布报告质疑新东方财务报告存在欺诈，报告发布后的两天里新东方股价累计下跌超过60%。新东方随后进行了反击，并获得了成功，新东方的股价高位时相比沽空后的低位反弹了10倍左右。

股市是资金配置的有效平台，真实可靠的市场本来就不该浑水摸鱼。但是，虚假披露、虚假交易、虚假财报、虚假上市、虚假圈钱，甚至是完全欺诈等现象屡见不鲜。资本市场就需

要"啄木鸟"，真吃虫子，才能良币驱逐劣币，上市大股东才不敢胆大妄为，还资本市场风清气正。

市场经济，各路神仙都是为利而来，能够为客户提供价值，这是市场经济的铁的法则。创造财富，才会使市场经济巨轮转动。市场净化，也是市场经济巨轮轴上的润滑油。有的企业靠汗水在赚钱，有的企业靠做多赚钱，有的企业靠做空赚钱。只要合乎规矩，多、空双方都受人尊敬。

穆迪、惠誉、标准普尔三大评级公司，用信用升降评级来敲打市场。有人打假，使用索赔来惩戒不良商家。其实，要相信市场竞争能力，相信市场多方博弈能力，相信市场可以自己净化的能力。鼓励和支持资本市场上有更多的"啄木鸟""猫头鹰""秃鹫"和"虎狼豺豹"。敌人强大，对手强大，你才会变得更强大。就像美国黄石公园拯救黄羊种群退化的最后办法：只好再把狼请回来！

市场经济如同大自然的生态系统。维护生态系统的最大生产力和保持生物多样性，是生态系统功能完善的标志。恪守物竞天择适者生存食物链关系，互为天敌是维持生态系统稳定的内生规律。相互协同、相互寄生和相互危机，是系统效率、系统平衡和系统健康的不二共识选择。

草原上鹰多了，打洞老鼠自然就少了。多少只鹰，多少只老鼠才平衡，只能在博弈中见分晓。

（本文发表于《发现》2018 年 11 月智库版）

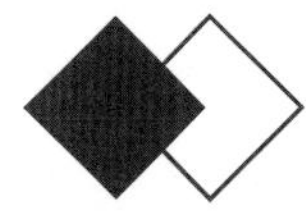

悟——长三思

得民心者，得天下。关键是如何得民心

自古名言：得民心者得天下，失民心者失天下。“民”通常被理解为民众，认为欲得天下，一定要争取广大民众的心。其实，得天下的难点是争取大多数反对派和一部分敌人的心，以及中间派的心。如果用数字表示，用在争取反对派和敌人、中间派、民众上的精力应该是3:2:1。谁能更多地争取到反对派和敌人、中间派的心，自然就不难得到民众的心，谁就可以得天下！

佛法无边、说者有心、关键是听者要有意

如果有位高僧对你说，你最近将喜从天降、财运旺盛，此乃上上签，其实这就是简单的心理暗示，信则有，不信则无。贪官就会把老板行贿的行为理解为“喜从天降”，当然收下；老百姓就会把刚买的股票、基金立刻涨停理解为“吉星高照”；企业经营者就会把刚刚竞标成功理解为“上上签”。其实这种暗示与“行动”结合起来才能“灵验”。高僧跟多数人都是这样说的，说者有心，关键是听者要有意。

正正得正，负负得正。将错就错有时乃为上策

“正正得正，负负得正”乃乘法基本常识。“以毒攻毒”是负负得正原理在医学上的妙用。在教育实践中，面对处于逆反期的孩子，如果欲让其往东，聪明的老师常常故意让其往西，结果恰好遂愿，这也是负负得正。一个仆人偷了主人家的一斗米，主人扬言欲掌其嘴，将其逐出家门，并将其丑闻公之于众，其实还不如再送仆人一斗米，通过感化赢得仆人的忠心为上。锦上添花固然好，但有时将错就错更为上策。绝对不能为了纠正一个错误，再犯下更为严重的新的错误。

（本文发表于《发现》2007 年第 7 期）

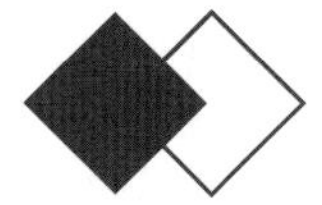

赋税之道

西欧从8世纪到16世纪的800年间，据记载几十个国家没有一个王朝是被农民起义推翻的。古代中国朝代更迭周期多则二三百年少则几十年，在中国一百年以上的朝代中似乎仅宋朝不是被农民起义推翻的。究其原因，“税”负担过重是重要原因之一。高税赋，民间就无法财富积累，资本主义、市场经济、科学哲学以及工业化等就失去发展的土壤。

税，汉字篆书可见“税”字为形声字，意为：禾+兑，蕴意“民以禾为兑”。税、赋，起于农耕文明时代耕者纳贡。古话讲“税以足食，赋以足兵”。税，国之大事，无税不国，无国不税；税，民之大事，无税无国，无国无税。税和赋，老百姓有时会把两个概念混淆在一起。现代意义上的税法，具有强制性、公平性、无偿性和固定性属性。

18世纪末，英国人首创发明了“所得税”税制管理体系，1842年起，成为永久性税制并被世界各国普遍采用延续至今。税，是国家和阶级产生后的必然产物，政府必须用税和赋才可实施公共服务供给和防务安全支出。税，指国家向企业或集体、个人征收的货币或实物。纵观世界和中国税发展历史，也是征缴和抗捐官民博弈的历史。税，是深入到社会细胞文明基因的组成部分，是洞察时势的窗口，王朝更替的晴雨表，文明兴衰的度量衡等。历史的偶然性也蕴含着必然性。历史不可以涂抹，但历史可以借鉴。税的历史更值得研究和总结，以铜为镜知荣辱，以史为鉴知兴衰。赋税，有人将其比作在鹅身上拔毛的艺术，从直接税向讲求轻重力度数量和节奏的间接税融合演变，最好的制度是在不痛不痒、不知不觉和不哼不哈中运行。

世界上税发展史基本分为四个阶段，自由纳贡、承诺时期、专制课征和立宪课税。中国古代几千年的税史源远流长，税收形成在先秦时期，品类分为贡、赋、租、捐几类形式。历朝历代如夏商周的"井田制"，东周末年的"初税亩"，隋唐时期的"杨顶田"，宋代时期的"货币税"，元明清时期"摊丁入亩、盐铁官营、一条鞭法"等一系列税务都是在发展变革。总体脉络是逐渐从"人头税" 向"土地财产税"和"商贸流通交易税"形式转变，基本遵循了从"实物税"到"货币税"的征缴演变过程。大唐"文景之治"盛世、"安史之乱"衰退教训值得反思，每一次大乱大治、大治大乱的历史事件都伴随"税"和税改的身影。

西方新供给学派阿瑟·拉弗著名奠基性理论"拉弗曲线"定理，设定税率为 0 和 100% 两个极端，最终政府税收均为 0。以"积累莫返之害"著称的黄宗羲定律，大概意思是，历朝历代的税收改革时农民的税赋的确降低了，可是，过段时间税赋会高出改革前的水平。该定律说明，税普遍是越改越多、越高，一旦进入加税节奏就会一发而不可收。赋税之道，是破解王朝由盛转衰更替难以逾越魔咒的砝码，为了中华民族伟大复兴在关键节点坚决从严治党、还富于民、节约开支、惩治腐败、依法治税。不成熟的税种，慎重实施为宜。

（本文发表于《发现》2019 年 3 月智库版）

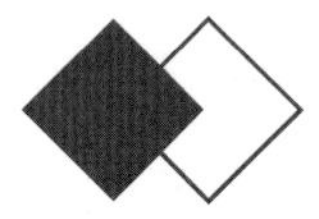

“机制”的动机与目标

“机制”一词最早源于希腊文，原指机器的构造和工作原理。机制，是指各要素之间的结构关系和运行方式。从机制的功能来分，有激励机制、制约机制和保障机制。创新体制机制目的是提升应变能力、内生动力和人的积极性。

机制设计理论的核心宗旨是明确目标和动机，这是来自美国经济学家埃里克·马斯金的观点，他曾因“机制设计理论”获得了2007年诺贝尔经济学奖。机制设计理论（Mechanism Design Theory），首先是在微观经济领域中发展最快的一个分支，被普遍认为是博弈论和社会选择理论的综合运用。简单地讲，经济机制设计理论是研究在自由选择、自愿交换、信息不完全及决策分散化的条件下，能否设计一套机制（规则或制度）来达到既定目标的理论。

马斯金的机制设计理论基础是一个根据结果来设计过程的逆向思维逻辑。假设你家里有两个孩子，一块蛋糕如何切割才能让两个孩子都满意？马斯金设计办法是一个孩子负责切蛋糕，另一个孩子有优先选蛋糕权利。这样就引入了权利动机博弈机制，选择切蛋糕的孩子会尽可能地平均去切，保证不论哪块留给自己都会满意，另一个孩子肯定会挑自己认为大的那块，真实表达完全自私心理理性作为机制设计模型假设的前提。

猎鹿博弈案例表述：在原始社会，人们靠狩猎为生。为了使问题简化，设想村庄里只有两个猎人，主要猎物只有两种：鹿和兔子。如果两个猎人齐心合力，忠实地守着自己的岗位，他们就可以共同捕得一头鹿。要是两个猎人各自行动，仅凭一个人的力量，是无法捕到鹿的，但却可以抓住 4 只兔子。从能够填饱肚子的角度来看，4 只兔子可以供一个人吃 4 天，一头鹿如果被抓住将被两个猎人平分，可供每人吃 10 天。也就是说，对于两位猎人，他们的行为决策就成为这样的博弈形式：要么分别打兔子，每人得 4；要么合作，每人得 10（平分鹿之后的所得）。如果一个去抓兔子，另一个去打鹿，则前者收益为 4，而后者只能是一无所获，收益为 0。在这个博弈中，要么两人分别打兔子，每人吃饱 4 天；要么大家合作，每人吃饱 10 天，这就是这个博弈两个可能结局。

帕累托最优（Pareto Optimality），也称为帕累托效率（Pareto efficiency），帕累托公平是一种价值判断。它从社会福利的角度来界定公平，并站在效率的角度来衡量资源配置的结果，因此是效率意义上的公平。

在尊重合理私欲前提下，让资源分配处在一种理想状态，假定固有的一群人和可分配的资源，从一种分配状态到另一种状态的变化中，在没有使任何人境况变坏的前提下，使得至少一个人变得更好，从而实现机制设计预期最优普惠的博弈目标。

（本文发表于《发现》2020 年 3 月智库版）

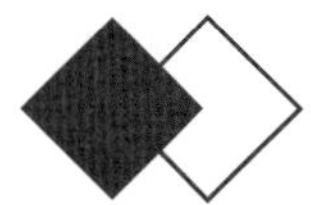

蔡元培：以美育代宗教

费孝通对“美”有十六字的经典表述，“各美其美、美人之美、美美与共、天下大同”，这句子看起来就很美。美学是门大学问，那到底什么是美？美的本质是什么？审美的标准是什么？美育到底教授什么？

孟德斯鸠说，美必须干干净净，清清白白，在形象上如此，在内心中更是如此。柏拉图说，美的本质是“和谐”，和谐既是善的目的，又是善的本质，美是真实存在的。在柏拉图思想中，真、善、美的内容是统一的，真实的东西，就是美与善的东西。美的东西也就是善的东西，美与善没有根本的区别。康德说，美是德性善的象征。

美学的本义为感觉学或感性学。美学学科的命名者鲍姆嘉通认为人的心理活动分为知、意、情三个方面，即相对于认识的有逻辑学，相对于意志的有伦理学，而相对于情感或感性认识的有美学，并认为美学的对象就是感性认识的完善，即美。如古希腊的柏拉图说，美是理念；中世纪的圣奥古斯丁说，美是上帝无上的荣耀与光辉；俄国车尔尼雪夫斯基说，美是生活；中国道家认为，天地有大美而不言。

美学是哲学的一个分支，美学精神是一个民族文化内在本质的体现，每个民族都有其特定的美学精神，基本主题是真、善、美，是感性和理性的关系。进入了新时代，如何评价、判断和践行审美呢？古代希腊的“和谐美”，古代中国则是先秦的“中和美”。亚里士多德《评说》中说，美学对象大于美，而包括整个艺术理论。黑格尔认为，美学的正当名称为“艺术哲学”，更确切地说是“美”的艺术的哲学。

西方美学历史起始于柏拉图，他第一个从哲学思辨的高度讨论美学问题的哲学家。中国美学启蒙研究的起点是老子“有无相生”以及“有之以为利，无之以为用”的思想，他主张“天下皆知美之为美，斯恶已；皆知善之为善，斯不善已”。儒家“中和”的美学思想也影响深远，如子贡问于孔子曰：“君子之所以见大水必观焉者，是何？”孔子总结水的“九德”，才有了“知者乐水，仁者乐山；知者动，仁者静；知者乐，仁者寿”。

蔡元培在《哲学总论》中提到“以美育代宗教”，认为“宗教之原始，不外因吾人精神之作用而构成。吾人精神上之作用，普通分为三种：一曰知识；二曰意志；三曰感情”。他提出“以美育代宗教”的理论，认为“纯粹之美育，所以陶养吾人之感情，使有高尚纯洁之习惯，而使人我之见、利己损人之思念，以渐消沮者也”。

审美是人类理解世界的一种特殊形式，指人与世界形成一种无功利形象与情感的关系状态。审美是在理性与情感、主观与客观上认识、理解、感知和批判世界上的存在。周国平在《灵魂只能独行》中写道：审美的人生态度，是和功利的人生态度相对立的，功利注重对物质的占有和官能享乐，审美注重对生命的体验和灵魂的愉悦。现代人在审美和功利两者之间进行选择，其实也就是有趣和有用之间进行选择，审美的生活态度，才能为没有信仰的现代人提供一种真正的精神补偿。李晓教授说，审美力，是一种历史积淀，前提是一个国家历史文化的延续性。

教人知道了什么是美，自然就知道什么是丑。人类学会崇尚追求欣赏真善美境界，人格和心灵就纯洁，品德和情操就高尚，人与人就会包容和友善，社会就和谐有序，世界就会走入和谐大同。柏拉图认为“德育始于美育”，认为美育达到心灵和谐与德育达到的理性秩序是一致的，而前者是后者的必要基础，因为，整个心灵的和谐就是德性。

（本文发表于《发现》2021年8月智库版）

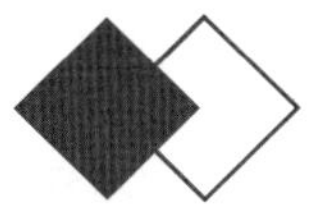

逻辑，让事实更逼近真相

简单常识，本来就是门大学问，常识往往就是逻辑的起点。逻辑虽生于常识，但又高于常识。逻辑的目的是试图通过理性思辨和推理论证过程，让事实更真实，让事实更逼近真相。如果违背常识或违背逻辑，事实就一定不真实不正确。黑格尔说：逻辑比事实更真实。约翰·洛克说：逻辑是对思想的解析。爱因斯坦说：逻辑和思辨引导事实。拉布吕耶尔说：逻辑是让人信奉真相的技术。逻辑是推理或论证的思维方式或思维框架，懂逻辑会使人头脑清醒、思维缜密、交流顺畅高效且表达准确。

世界公认的逻辑学创始人是亚里士多德，在其《工具论》中的直言大前提、小前提和结论的"三段论"学说的建立标志着逻辑学的诞生。逻辑推理的具体形式是论证，逻辑学的价值在法庭辩论中表现得更为充分。俗话常说要"以理服人"，违背事实就很难让人心服口服。逻辑学中常见的谬误表现，是如自相矛盾、模棱两可、混淆偷换概念、转移偷换论题、理由虚假和推不出结论等现象。

逻辑中的两个悖论会激发大家思辨的兴趣。如英国数学家 Jourdain 提出来的"纸牌悖论"，就是纸牌的一面写着

“纸牌反面的句子是对的”，而另一面却写着“纸牌反面的句子是错的”。“理发师悖论”：萨魏尔村有一位理发师，他给自己订下一条规则是“他只给村子里自己不给自己刮胡子的人刮胡子”。请问他该不该给自己刮胡子？这是由罗素在 1919 年提出的。还有其他著名的普罗塔哥拉悖论、外祖母悖论等。

逻辑是人的一种抽象思维，是人类思维的规律。逻辑是关于推理与论证的科学，它是一门学科，也是一门艺术。罗素说：一切哲学问题经过分析都是语言问题，而语言问题归根结底就是逻辑问题。逻辑学的主题是清晰高效的思考，侦探小说家柯南·道尔说：一个逻辑学家不需要亲眼见到或听过太平洋或尼亚加拉大瀑布，他从一滴水中就能推测出它们的存在。逻辑指人通过概念、判断、推理、论证来理解和区分客观世界的思维过程，从而抽丝剥茧地慢慢靠近事实背后，渐渐贴近真相的思维甄别过程。逻辑，在孩子的眼里可以理解成“因为与所以”的关系，在成年人的眼里可以理解成“真与假”关系，在宗教里它是因果关系、轮回关系，在哲学里它是辩证关系，数学里（函数）与（导数）是逻辑应用所产生的结果。其最终结果：是就是，不是就不是。

逻辑思维又称理论思维，它是人认识的高级阶段，即理性认识阶段。只有构建了逻辑思维模式体系，人才能达到对具体对象本质规定的把握而认识客观世界。逻辑推理有三个层面：形式逻辑、非形式逻辑、认知偏差纠正。形式逻辑主要是研究推理的科学，而非形式逻辑主要是研究论证的。形式逻辑因条例规制传播得更广泛，而非形式逻辑因更抽象更多元不被重视。形式逻辑的规则有同一、排中、矛盾和理由充足四条定律，这四条定律要求思维必须具备确定性、无矛盾性、一贯性和论证性。形式逻辑主要是采用演绎与归纳法研究推理的科学，使用符号语言的推理，过程必须是前提正确；而非形式逻辑主要是采用交流探讨法研究论证的科学，使用自然语言的推理，过程仅需双方有前提共识。非形式逻辑也是逻辑的一个分支，它的另一个名字叫"批判性思维"，其任务是讲述日常生活中分析、解释、评价、批评和论证建构的非形式标准、尺度和程序，也就是不用符号而用日常语言表达的逻辑。田间地头、房前屋后老表们一起"拔犟眼子"，也许就是属于这个非形式逻辑的哲学范畴吧。

（本文发表于《发现》2021年9月智库版）

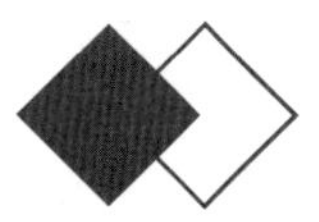

民营经济
做大做强正当其时

2018 年 11 月 1 日，习近平总书记主持召开民营企业座谈会，他再次强调：非公有制经济在我国经济社会发展中的地位和作用没有变！我们毫不动摇鼓励、支持、引导非公有制经济发展的方针政策没有变！我们致力于为非公有制经济发展营造良好环境和提供更多机会的方针政策没有变！我国基本经济制度写入了宪法、党章，这是不会变的，也是不能变的。任何否定、怀疑、动摇我国基本经济制度的言行都不符合党和国家方针政策，都不要听、不要信！所有民营企业和民营企业家完全可以吃下定心丸、安心谋发展！①

当前受国内外经济形势及中美贸易纠纷影响，我国经济下行压力增大，特别是中小企业发展遇到了前所未有的困难，社会预期下降，中小企业经营压力和焦虑感加大。在这样的形势下，习近平总书记亲自主持召开了民营企业座谈会并发表了重要讲话，很及时很有必要，使得民营企业吃下了定心丸，得以安心谋发展，具有重要的历史意义和现实意义。讲话不仅有高度，而且接地气，不仅直面困难和问题，而且对症提出六个方面主要举措，坚定民营企业信心，鼓舞民营企业发展。

① 《习近平在民营企业座谈会上的讲话》，中国政府网，2018-11-01。

民营经济发展壮大是我国改革开放的标志性进程

如果说40年前我国改革开放的思想基础是《实践是检验真理的唯一标准》所引发的关于真理标准问题的大讨论，改革开放开始的标志是党的十一届三中全会的召开，那么民营经济从无到有、从弱到强，不断发展壮大则是我国改革开放40年贯穿始终的标志性进程、标示性事件。

我国改革首先从农村开始，家庭联产承包责任制实施后取得了显著效果，粮食和农产品连续增产，农民温饱问题得到较大改进，农产品的极大丰富凸显了流通问题和市场问题的严重性。经济体制的弊端、企业效益的低下严重制约了城市经济的发展，党的十二届三中全会通过的《中共中央关于经济体制改革的决定》揭开了全面改革的序幕，也是第一次在党的文件中提到"市场"。

在20世纪80年代末90年代初，改革遇到短暂挫折的重要关头，围绕一系列困扰人们思想的理论问题，邓小平明确提出了"计划多一点还是市场多一点，不是社会主义与资本主义的本质区别""计划经济不等于社会主义，资本主义也有计划；市场经济不等于资本主义，社会主义也有市场"。从根本上解决了姓"资"还是姓"社"的思想束缚，民营经济迎来发展的春天，自此开始迅速发展壮大。

党的十四大明确提出我国经济体制改革的目标是建立社会主义市场经济体制。党的十五大把"公有制为主体、多种所有制经济共同发展"确立为我国的基本经济制度，明确提出"非公有制经济是我国社会主义市场经济的重要组成部分"。党的十六大提出"毫不动摇地巩固和发展公有制经济""毫不动摇地鼓励、支持和引导非公有制经济发展"。党的十八大进一步提出"毫不动摇鼓励、支持、引导非公有制经济发展，保证各种所有制经济依法平等使用生产要素、公平参与市场竞争、同等受到法律保护”。

毫不夸张地说，改革开放的演变发展历程就是围绕对待、认识、利用“市场”这一要素为我国经济发展服务的历程。党的十八届三中全会更是进一步提出“使市场在资源配置中起决定性作用和更好发挥政府作用”。民营企业是市场机遇和市场风险最直接、最彻底的参与者，市场是最好的兴奋剂，市场也可能是最残酷的杀戮场，正是市场化程度的不断提升，市场化改革的不断推进，我国民营经济才日益壮大，对我国经济社会发展的贡献度不断提升。

改革开放40年来，民营企业蓬勃发展，民营经济从小到大、由弱变强，在稳定增长、促进创新、增加就业、改善民生等方面发挥了重要作用，成为推动经济社会发展的重要力量。民营经济的历史贡献不可磨灭，民营经济的地位作用毋庸置疑，任何否定、弱化民营经济的言论和做法都是错误的。在习近平总书记讲话中，特别肯定了民营经济的贡献，即贡献了50%以上的税收，60%以上的国内生产总值，70%以上的技术创新成果，80%以上的城镇劳动就业，90%以上的企业数量。

民营经济做大做强是我国经济参与更高层次竞争的必由之路

经历了“芯片危机”和中美贸易战的撕扯，我们进一步体会到了国际经济竞争的残酷和无情，虽然中美经济和中美贸易互补性很强，合作空间也很大，但在很多关键领域，我们必须做好长期对抗的准备。而这种交锋背后，必须有关键技术和核心竞争力的支撑。

改革开放以来，中国经济特别是中国制造业经历了小作坊、代工厂、规模化加工制造几个阶段，在电子电器、机械制造、计算机通信设备等领域已将很多欧美老牌企业逼出中国市场，占据我国出口商品总额的前列。在高新技术领域，我们的发展势头也很快。同时我们拥有市场和人口优势，很多产业从产业链最上游到最下游都可以在中国实现，节省了很多物流、时间成本。

但在很多关键技术领域和前沿科技发展领域，我们还处在落后的位置。由于国有企业体制机制的原因，在创新的灵活性方面，民营企业反而有更大的优势，可以从一个点、一个小的细分领域做起，做到最好就是全球领先水平。

正如习近平总书记在民营企业座谈会上对广大民营企业的寄语："要练好企业内功，特别是要提高经营能力、管理水平，完善法人治理结构，鼓励有条件的民营企业建立现代企业制度。新一代民营企业家要继承和发扬老一辈人艰苦奋斗、敢闯敢干、聚焦实业、做精主业的精神，努力把企业做强做优。民营企业还要拓展国际视野，增强创新能力和核心竞争力，形成更多具有全球竞争力的世界一流企业。"①

参与新的全球经济分工，参与更高层次的国际竞争，仅靠国企的力量是不够的，民营企业责无旁贷，必须有这个勇气和担当，必须要专注和钻研，做精、做深、做专、做强。

愿中国民营企业出现更多的华为、更多的阿里巴巴并在更高水平的舞台上演出。

（本文发表于 2019 年 04 月 19 日《人民政协报》）

---

①《习近平在民营企业座谈会上的讲话》，中国政府网，2018-11-01。

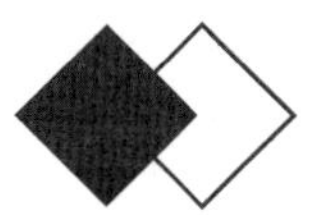

假设是种特殊能力

据说，爱迪生在1877年8月15日这一天，让助手科瑞西做了一个由大圆筒、曲柄、受话机和膜板组成的怪机器，并说："这可是个会说话的机器"。从金属圆筒到蜡筒，再到虫胶唱片以及后面的聚氯乙烯和黑胶唱片，试验证明：要把人的声音用留声机完整地储存起来，什么时候需要就什么时候再放出来，人类是完全可以做到的。

科学理论本身就是科学假设（或假说）。科学是基于经验而超越经验的，是一种经验的超验方式和途径。门捷列夫说：概括、学说、假说和理论是科学的灵魂。牛顿经典力学的建立是以"时空惯性绝对一致性"假设为前提；爱因斯坦相对论则建立在"时空扭曲"假设前提上；亚当·斯密西方经济学和泰勒现代管理学理论均是以"理性经济人"假设为前提。法国彭加勒在《科学与假设》一书中提出，"科学理论并不是现实的反映，而是一种假设"。最著名的假设就是"日心说"和"地心说"。胡适曾说过要"大胆假设，小心求证"。欧几里得几何是关于"十条"假设的逻辑体系，凡是可以称之为体系的知识系统，都是基于某种假设的体系。有了假设作为起点，才有概念、定义、公理、定理、定律等构架起一个完整科学理论体系的可能。一切科学理论都值得再质疑，科学理论本身就没有绝对的真理。

科学假设是发明创造。德国地球物理学家、地质学家、气象学家阿尔弗雷德·魏格纳在《大陆和海洋的起源》一书中提出的"大陆漂移"假设，俄国生理学家巴甫洛夫提出的经典高级神经"条件反射"假设，以及牛顿提出的并用棱镜折射最终证明的"白光是可见光谱中所有颜色的混合"三个伟大假设都是正确的。理论假设，又称科学假设，是关于事物现象的因果性或规律性的一种假定性的解释，是依据一定的科学原理和事实。科学理论，是经过想象力，再到科学假说，经过实践的反复检验确定理论的最终确定性，最后才能形成科学理论。系统化的科学知识是经过逻辑论证和实践检验并由一系列概念、判断和推理表达出来的知识体系。科学假设是一种科学思维方法，也是一种特殊思维能力，既不能通过归纳也不能依靠演绎推理产生，而是靠科学家发明出来的。

大胆假设不是无理取闹。科学假设需要具备交叉系统知识的储备，极强抽象提炼思考的能力，敏锐独特的洞察判断力。托马斯·库恩在《科学革命的结构》一书中提出"范式"的概念，重点强调了变革不是知识的直线积累，对科学发展持历史阶段论，认为每一个科学发展阶段都有特殊的内在结构，而体现这种结构的模型即"范式"。通过一个具体的科学理论为范例，定义一个科学发展阶段的模式。如亚里士多德的物理学标志了古代科学，托勒密天文学奠定中世纪科学，伽利略的动力学开启近代科学的初级阶段，微粒光学进入近代科学的发达时期，爱因斯坦的相对论和量子力学被称之为人类的当代科学。恩格斯说：只要自然科学在思维着，它的发展形式就是假说。

可以说，没有大胆的科学假设（假说），就没有伟大的科学理论或伟大的科学实践。企业家发明一个商业模式从而构建了一个商业帝国的起点，也是开启于当初不起眼的假设。

（此文为作者特别为中国科学家论坛创办二十周年撰文，发表于《发现》2022 年 2 月智库版）

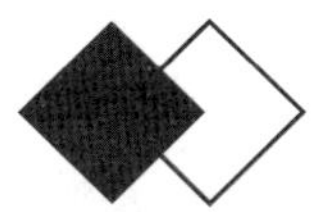

"共同富裕"主战场在"扩中产"

以2021年6月中央支持浙江建设"共同富裕示范区"为标志，共同富裕被摆在了经济社会发展更重要的位置。

推动共同富裕是一场深刻的社会变革，必然走向中间大、两头小的橄榄型社会形态。实现这样的目标，扩大中等收入群体规模和比重，最终实现"共同富裕"，是必然且必须的道路。

邓小平提出，社会主义本质是"解放生产力，发展生产力，消灭剥削，消除两极分化，最终达到共同富裕"。

2021年8月17日，中央财经委员会第十次会议强调，"共同富裕是社会主义的本质要求，是中国式现代化的重要特征，坚持以人民为中心的发展思想，在高质量发展中促进共同富裕"。共同富裕，不仅是经济问题，而且是关系到党的执政基础的重大政治问题。①

① 《习近平主持召开中央财经委员会第十次会议》，新华网，2021-08-17。

当前，因区域差异、城乡差距、发展不平衡等原因，形成了一定程度上的财富分化。从某种意义上来说，"共同富裕"的本质就是最大可能地消除差异和差距，最大程度地实现生产力的最大化。因此，必须坚持以公有制为主体，按劳分配，效率优先，兼顾公平的原则，久久为功，循序渐进。

有些人在经济发展中"掉队"，主观客观因素很多。因此，如何扩大中等收入群体，是实现共同富裕的主战场。笔者认为，可以从以下三个方面来分析：

一是居民高储蓄率成为中低收入人群的财富习惯。中低收入群体没有经历银行破产的理财文化教育，没有形成资产配置意识和财富保值增值和对冲理财观念。改变居民储蓄率过高现状，是中国经济亟须破解的难题，需政府综合施策，实现经济良性增长。

二是中年群体家庭高负债率和年轻人群体过度借贷形势比较严峻。在经济增速放缓、收入增长动能减弱的背景下，房贷比重较大已经成为中等收入群体面临的共同问题。调节高收入群体收入，路径在于严控资本过度扩张，打破技术垄断造成行业群体收入分化。"扩中"，路径在于改善营商环境，扩大民营经群体数量和经济规模，创造提高生产力向产业链中高端延伸的高质量产业模式，从而实现盈利能力进而实现工资收入和股权收入。大力促进消费金融，为中低收入群体参与资本市场、资产配置、财产性收入和盘活存量资产提供时间和空间。

三是创新社会中低收入地区和人群存量财富集约经营模式。努力降低居民高储蓄率，提高资产财产性收益和财产性红利溢价。如，成立中国农村宅基地信托基金和县级以下城市商业住宅信托基金，由国家信用担保并具体运营，类似于社保基金经营模式，从而盘活存量资产，寻求市场化经营收益。为绝对保证涉及千家万户财产安全这项改革成功，倒逼中国资本市场法制化、规范化、国际化进程，从而改善扩大机构投资者规模，降低散户投资者群体比例，提升中国投资市场治埋体系和治理能力现代化水平。

收入分配体制改革，是一项系统工程，核心路径是继续发展生产力，扩大中等收入群体，做大蛋糕切好蛋糕。在此基础上，提高低收入兜底水平、扩大中产阶层群体规模、调节高收入群体收入。中国要走出自己的共同富裕道路，既要让"钱袋"鼓起来，也要让脑袋富起来，还应当警惕物质上的享乐成为共同富裕的唯一追求，以防再度陷入唯"人均财富""人均 GDP"论的漩涡中。

（本文发表于《发现》2022 年 8 月智库版）

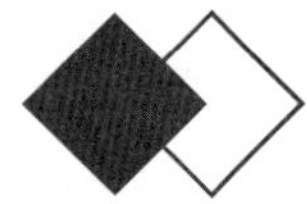

生态文明：明智选择

人类文明是人类和自然界征服与被征服、适应与被适应和制约与被制约过程中智慧的结晶，凝结了族群、部落、流域和民族的生产方式、生活方式和价值追求的思想总结。通过人类的生存哲学与得失反思岁月的理性选择。文明包括物质和精神文明两部分，文化是文明的载体，文明是文化的升华。人类文化或文明交融互鉴，相得益彰，文明或文化是区分不同民族、不同种族、不同区域族群的重要基因符号。人类文明发展经历了四个阶段：原始文明、农耕文明、工业文明和生态文明。

恩格斯说："摩擦生火第一次使人支配了一种自然力，从而最终把人同动物界分开。"以植物耕作与动物驯养能力为代表，石器、铁器、文字印刷技术凝聚文明硬核。农耕文明，对应的印象是淳朴、保守。游牧文明，对应印象是彪悍、尚武。商业文明，对应印象是精明、现代。爱德华·伯内特·泰勒(Edward Burnett Tylor，1832—1917)，英国文化人类学的奠基人、古典进化论的主要代表人物，他在1871年出版的《原始文化》一书中说："就广义的民族学意义来说，文化或文明，是一个复合的丛体，它包括知识、信仰、艺术、道德、法律、风俗，以及作为社会成员的一分子所获得的全部能力和习惯。"

人类因聚集才产生文明，因交易才产生城市。《马克思恩格斯全集》第25卷中提出，“商业依赖于城市发展，而城市的发展也要以商业为条件”。法国学者奥斯特·斯本格勒（Oswald Spengler）认为，人类所有的伟大文明（文化）都是由城市产生的。澳裔英籍考古学家戈登·柴尔德（Childe, Vere Gordon）认为，城市革命的意义可以同农业革命和工业革命相媲美。Civilization（文明）拉丁文“Civis”就是“市民、城市居住者”，也是文字、宗教、礼仪和文化的中心。工业文明大大提升了人类征服和改造自然的能力，自然界报复人类的灾难频发也成为人类可持续发展的现实难题。

水、淡水是人类文明形成与传播之源，码头成为商贸的核心及城市起源的内核。临河、临江、临水而居是世界人类各民族文明形成的普遍模式。《世界文明史》（威廉·麦克高希著）概括了五大文明发源地，公元前4000年古巴比伦文明、古埃及文明、古希腊、古印度和古中国文明构成了古代社会五个最伟大的文明。而“两河”流域是古代社会最早的文明，底格里斯河和幼发拉底河之间，属于大河文明。两河文明强大的辐射能力通过尼罗河、红海和黎巴嫩传播到尼罗河流域影响了该地域各民族的文明形成，对后来的古埃及文明和古希腊文明的影响也是深远的。

生态文明，是人类从依附自然、适应自然、改造自然、毁坏自然到与自然和谐共处自然观及世界观的理性轮回。绿色发展，是人类科技文明进步与环境资源瓶颈的必然选择，是以人为中心向人与自然和谐共生世界观的必然转变，是人类适应地球生存法则自然观的必然升华。

（本文发表于《发现》2020年2月智库版）

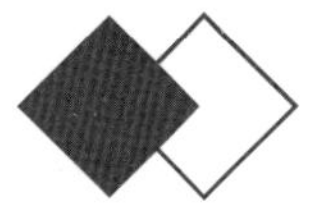

小道理，才有大道理

2018年9月25日，习近平总书记在黑龙江考察时说，"中国人要把饭碗端在自己手里，而且要装自己的粮食。"① 这是小道理，也是大道理。

《管子·牧民》说："国多财则远者来，地辟举则民留处；仓廪实则知礼节，衣食足则知荣辱。"管仲作为中国古代法家代表人物，他提出"劝之以赏罚，纠之以刑罚"的理念，成为以法治国与以德治国相统一的先驱倡导者。

治大国，若烹小鲜，体现有为与无为、中庸与平衡、细节与全局的哲学思想。只有每道菜都讲究，整个宴席才会讲究。民间有句说法，"小药，往往治大病"。管仲的思想是基于如何聚拢人、如何留住人、如何统治人的小道理出发，从这些小道理中总结蕴含的大的哲理，这样才能做出富国强兵、天下太平、文明进步的大文章。操作理念很清楚，有发财的机会，人就会聚来；操作技术也明确，撂荒的土地随便

① 《中国人要把饭碗端在自己手里》，央广网，2022-08-30。

开发，游牧民就会定居下来。百姓的粮食充足，才会懂得礼仪，穿的吃的都很丰富充足，才会知道荣誉和耻辱。

我们的脱贫攻坚为什么能短期就见效呢？因为目标任务精准、清晰、明确，做到“两不愁、三保障”，成果验收可量化、可视化、可操作。不愁吃，不愁穿，生活兜底；有房住、有学上、有医保基本保障。比较起来看，纲举才能目张，这些富民举措和治国理念与管仲的小道理思想一脉相承。滴水虽简，其意深远。其实，简单就是智慧，简单就是力量，简单并不简单。大道至简，大象无形，大音希声。会讲小道理，也是大本事。讲好小道理，就是大道理。

习近平总书记深刻指出，“实现共同富裕不仅是经济问题，而且是关系党的执政基础的重大政治问题”[①]。实现共同富裕目标，成为脱贫攻坚之后的又一次攀登。我们决定走社会主义发展道路，体现社会主义制度的优越性，必须实现共同富裕，这是小道理。大道理，就是这是社会主义制度的本质要求。这是一个长期的过程，不是搞平均主义，不走回头老路。实施路径不仅仅要分好蛋糕，关键是如何做大蛋糕。所以，要讲好大道理，从讲好小道理开始。

小道理，要服从大道理。只有明白大道理，才能讲好小道理。只有“大道理”了然于心，讲起“小道理”来自然游刃有余。

（本文发表于《发现》2022 年 11 月智库版）

---

①《习近平在省部级主要领导干部学习贯彻党的十九届五中全会精神专题研讨班开班式上发表重要讲话》，新华网，2021-01-11。

信用是市场经济发展的灵魂

信用经济是市场经济发展的更高阶段

社会信用和社会保障体系是市场经济的两大基石

社会信用体系的完善与否

已经成为市场经济成熟与否的显著标志

——陈贵

信用中国

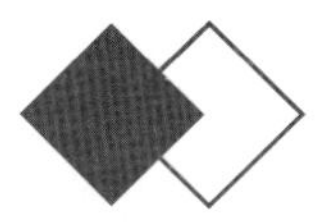

信用也是经济发展的引擎

2014 年初，中国政府出台了《社会信用体系建设规划纲要(2014—2020 年)》，对于社会信用体系的构建释放出了强烈的信号，被认为是中国“信用经济”向前迈出的一大步，也顺应着世界的潮流。

现代经济生活中，信用联系几乎无处不在。信用是市场经济发展的灵魂，信用经济是市场经济发展的更高阶段，社会信用和社会保障体系是市场经济的两大基石。社会信用体系的完善与否，已经成为市场经济成熟与否的显著标志。

信用包含着两个方面的因素，即履约能力和履约意愿。法律和经济学范畴多表述为信用，伦理和道德范畴多表述为诚信。市场经济已经走过了“以物易物”的商品交易时代、“一手交钱，一手交货”的现金交易时代，现在到了“用信用担保”的全方位信用交易时代。国际经济学理论和发达国家实践经验表明，人均国内生产总值超过 2000 美元的市场经济国家，其市场主要交易形态都会转变为以信用交易为主的形态，即所谓“信用经济时代”。

发达国家的社会信用体系建设主要有两种模式：一种是以美国为代表的、以市场为主导的“自下而上”的私人模式；一种是以欧洲大陆为代表的、以政府为主导的“自上而下”的国家模式。美国模式的优点是市场主导、法治先行、中介发达、行业自律，具有重法治、轻道德、效率高、风险大的体系特征。欧洲模式的优点是政府主导、政令畅通、监管有力、透明度高，具有重监管、轻规制、效率低、公信差的体系特征。尽管美国一国包揽了标普、穆迪、惠誉等世界三大评级公司，但2008年席卷全球的“次贷危机”却发生在美国，这也在某种程度上反映了美国信用体系的特点。

社会信用体系的建立，有利于扩大交易规模，提高资源配置效率，增强交易成功率，降低交易成本，加速资金周转率，优化资本集中度，防范和控制信用风险，重塑商业道德伦理，促进社会和谐有序。建立覆盖全社会的信用体系，也是市场经济发展高级阶段的必然要求。由于各国国情和市场经济发展阶段的差异，发展中国家兼顾欧美信用模式，各自构建了不同的社会信用体系模式。中国的社会信用体系建设已开始起步，势将唤起人们对秩序、规则和信用的更多敬畏。

可以说，信用是最大的社会资本。然而社会诚信体系的建设却是一项庞大的工程，需要以政府为主导的顶层设计和有效监管，更需要市场的自律和配合。覆盖全社会的信用体系建设，有助净化市场经济秩序，保障交易效率，降低恶性交易内耗损失，形成“让守信者处处受益，失信者寸步难行”的社会文化氛围。总而言之，良好的信用环境和信用秩序，也是经济发展的引擎。

（本文发表于《人民日报》2014年3月24日）

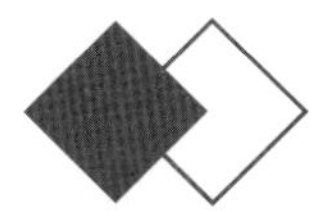

人或人：欠条或借条

钱，在商人和非商人眼里，其本质并不一样。钱，也叫货币或资本。钱，具备两个用途，充当物和物交换的媒介，钱本身不会创造任何价值。钱，附加上投资的属性就变为资本，媒介属性就转身体现出逐利的属性。

商人，见到一分钱，想到的是投到哪儿；非商人，想到的是花掉或存起来。所以，富人的兜里装的多数是欠条，非商人的兜里装的多数是存折。富人的钱都在工地、厂房和设备里，非商人的钱都在家里、亲戚和银行手里。自己的钱放这里还是那里，往往就分化为商人和非商人。

钱，少了是自己的。钱，多了是别人的。钱散人聚，钱聚人散。企业家精神产生前提是留够足够自己的，还有足够剩余，仅仅年吃年用的小老板也不要强求要有企业家精神。能力大，责任就大。只有能力真大了，就一定会理解确实是责任重大。管仲在《管子·牧民》中写道："仓廪实则知礼节，衣食足则知荣辱。"

总统说，下辈子宁愿当个普通人。首富说，下辈子宁愿当个老百姓。乞丐说，下辈子一定做总统或世界首富。施舍过，才相信还会得到。得到过，才学会为啥要施舍。经历过，才是人生最好的导师，一切随缘，真不可强求。

钱，放在那里本身就是钱，转起来才有价值。球，只有走上赛场，才会成为万众瞩目的焦点。看钱的姿势、角度、眼光不同，钱和看钱的人，过程和结果也许才会不同。

（本文发表于《发现》2019 年 4 月智库版）

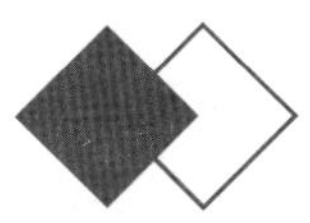

儒家与契约：东西方信用文化的比较

在第十四届中国诚信企业家大会暨第六届诚信中国节召开前夕，特撰写此文与各位企业家朋友共勉。

信用，是市场经济的基石。首先，商业信用，是在一笔一笔交易过程中积累起来的信用，没有交易记录，就谈不上商业信用。俗话说：好借好还，再借不难。从来不借钱，并不能证明有信用；借钱，借钱，多次借钱，每次都是按约定履约偿还，这就建立起了商业信用，商业信用需要时间积累和赊欠实践。其次，信用既是法律概念也是道德概念，履约能力和履约意愿都决定信用水平，不是越有钱就越讲信用，也不是越没钱就越没信用。

《左传》中就有“君子之言，言而有征”的说法，意思是说一个人说话办事是否靠谱，是可以得到验证的。孔子说过“人而无信，不知其可也”。他把人与人之间普遍的诚实信赖看成维持社会正常运行的基本力量。讲究信用是教化民众进而形成良好的风俗，使乡里可以和谐共处、国家长治久安。中国历朝历代官衙仅仅设到县衙一级，那广大的农村在法治社会文明之前是如何治理的呢？靠的是乡绅和宗族自律自治。祠堂，就是文明法治邻里和谐的文化载体。

东方，更强调道德良知自律的约束。西方，更强调惩戒契约的他律约束。儒家的小农时代非市场经济社会的“信”，就是道德品质范畴，褒扬谴责是规制的手段。西方的工业化市场经济社会的“信”，就是法律和规则，契约则更多诉诸外在的制裁手段，除了道德层面更多的是市场惩戒。

因“诚”而“信”是儒家的诚信伦理，因“约”而“信”是《圣经》的契约信用伦理。在西方国家，用契约文明构建信用文化，完成了“从身份到契约”的过程，从“人文伦理到契约信用”的转变，从“特殊主义信用”到“普遍主义信用”的过渡。

“信用”一词，在《辞海》中有三种解释：信用使用；遵守诺言，实践成约，从而得到信任；以偿还为条件的价值运动的特殊形式。人无信不立，业无信不兴。信守承诺，知行合一，说到做到。《刘子·履信》：“信者行之基，行者人之本。人非行无以成，行非信无以立。”

信用，是市场经济大船平稳前行的压舱石。你，董事长，就是这艘大船的船长；你，CEO，就是大副；你，经理，就是二副；你，员工，就是三副。要想到达目的地，一个都不能少。

朱熹曾写道：“信者，言之实也。”东西方文化虽有差异，但追求人类美好理念，终究殊途同归。诚信，是维系人类社会和谐友善的文明纽带，人与人，国与国之间都要言而有信。

中国诚信企业家大会暨诚信中国节是中国企业家朋友交流、探讨、分享诚信理念、诚信经验、共铸诚信的大舞台。

诚信中国，中国诚信，企业家使命重大！

（本文发表于《管理观察》2017 年第 9 期）

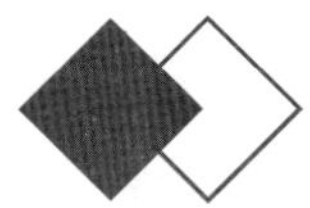

契约，文明基石

1764年的一天深夜，哈佛大学哈佛楼被一场大火烧成一片灰烬。哈佛楼里珍藏着哈佛去世后捐赠的图书，这些图书是哈佛大学的镇校之宝。如今被一场大火烧毁一空。这是哈佛之痛，也是哈佛的灾难，难怪所有哈佛人都因之而捶胸顿足。

但鬼使神差，大火的当天下午，17岁的约翰在哈佛楼里读《基督教针对魔鬼、世俗与肉欲的战争》，因为太好看了，想要一气呵成地看完，他竟然偷偷把这本书带出来了，于是这本书成为哈佛楼的孤本。无疑，这个孤本将成为稀世珍宝。于是，约翰陷入到了巨大的道德诘难之中——说出来，还是隐瞒？

最后他还是战胜自我，勇敢走进校长霍里厄克的办公室，把这个孤本还给他。霍里厄克校长听完约翰的话，露出不可思议的神情，他用颤抖的双手接过图书，眼睛里闪动着泪花，缓慢地说："谢谢你为学校保留了这份宝贵的遗产，你回去听候安排吧。"

两天后，哈佛张贴处理告示：约翰同学因违反学校规定，勒令其退学。所有人包括约翰都无法接受。更多人都为约翰求情：约翰毕竟保存了哈佛先生赠送图书的孤本，给他一次机会吧。

霍里厄克校长表情凝重，对提出异议的人说："首先我要感谢约翰，他很诚实地把图书返还给学校，我赞赏他的态度，但我又不得不遗憾地说，我要开除约翰，因为他违反了校规，我要对学校的制度负责。"

这是什么？这就是规则意识，这就是伟大的契约精神。所以有人说，"先有哈佛，后有美国。"霍里厄克校长开除约翰，成为哈佛的历史佳话，哈佛的办学理念因此更加熠熠生辉："让校规看守哈佛的一切，比让道德看守哈佛更完全有效。"

更让我们惊叹的是，约翰被赶出哈佛后，并没有仇恨哈佛，反而感恩哈佛。他于第二年考入哥伦比亚大学，最后成为美国数一数二的大律师。美国独立战争开始后，他加入托马斯·杰斐逊的团队，直接参与了起草《独立宣言》，把自己的名字写在了美国历史之上。

约翰是被哈佛开除的学生，但却成为践行哈佛精神的优秀代表之一。

教育的意义就在这里，保护有时是最大的伤害，开除却能治病救人。拿破仑用剑做不到的，契约用笔就可以做到。有了契约，就有了规则，有了规则就会有文明，而文明就是众生平等，没有特例。

（本文发表于《发现》2018年9月智库版）

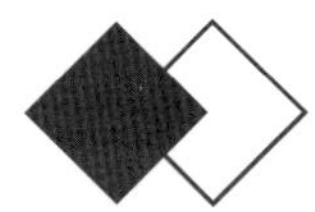

信用：高质量发展的引擎

党的十九大报告指出："发展是解决我国一切问题的基础和关键，发展必须是科学发展，必须坚定不移贯彻创新、协调、绿色、开放、共享的新发展理念。"践行新发展理念，建设现代化经济体系，培育和弘扬优秀企业家精神，完善社会信用体系是习近平新时代中国特色社会主义思想重要内涵。

现代社会，信用和社会保障体系是市场经济体系正常运行的两大基石。社会信用体系的完善与否，已经成为市场经济成熟与否的显著标志。政务诚信、商务诚信、社会诚信和司法公信缺一不可。人工智能、数字经济、移动支付为代表的现代经济社会，信用经济、信用支付、信用交易、信用生存等已经成为人们的生产和生活方式。信用，是市场经济发展的灵魂。信用，也是经济增长的引擎。

诚信，是构建商业领域的重要资本。信用，也是最大的社会资本。社会信用体系的建立，有利于扩大交易规模，提高资源配置效率，增强交易成功率，降低交易成本，加速资金周转率，优化资本集中度，防范和控制信用风险。重塑商业道德伦理，弘扬诚实守信精神，改善企业营商环境，发挥市场主体活力，形成“让守信者处处受益，让失信者寸步难行”的舆论文化氛围。

社会信用体系是巨大的社会系统工程，包括大型信用信息基础设施建设，以及牵动全社会的设施运行软环境建设。社会信用体系的顶层设计需要理论支撑，需要设计科学的技术路线，运行状况也需要测度和监督。换言之，对于社会信用体系建设这项巨大的社会系统工程而言，没有相对完善的理论体系就无法做出科学的顶层设计；没有科学的度量工具辅助，体系的功能就难以完善，建设工作就不能落到实处。尽管社会信用体系理论已于1999年初步形成，又在十多年的建设和运行基础上做过一些理论推陈出新的工作，可社会信用体系理论和技术仍需进一步完善，需要开发出科学方法和工具进行检验和评估。

2009年9月以来，由中国管理科学研究院企业管理创新研究所、京WORK-北京码头智库平台、中国市场学会信用工作委员会、中国管理科学研究院诚信评价研究中心、北京中管智学咨询中心、北京码头信用管理中心等联合众多机构成立并完善了中国商业信用环境指数课题组，启动了中国城市商业信用环境指数（China City Commercial Environment Credit Index，英文缩写CEI）。课题组之所以启动城市商业信用环境指数研制工作，是基于我国社会信用体系建设工作的顺序特点和推进状况。CEI是由信用市场工具投放、企业信用管理功能、征信系统建设、政府信用监管、重点领域诚信状况（改进）、诚信教育和企业对当地市场信用环境的感受7个维度构成。CEI可用于测度我国信用经济发展状况、市场信用交易水平、市场经济秩序好坏、诚信道德高低、社会信用体系运行效果，比较不同城市之间的“商业信用环境”或“商务诚信状况”的相对优劣程度。

城市信用体系是社会信用体系的组成部分，是社会信用体系的基本单元。建立城市信用体系能够促进当地信用经济发展，重整当地的市场经济秩序，建立当地的信用市场乃至社会环境，为树立城市品牌奠定基础。CEI 课题组自 2009 年启动以来，已经于 2010、2012、2013、2015、2018 年分别发布了全国 280 多个地级及以上城市商业信用环境指数排名榜及分指数排名榜，并出版 CEI 成果蓝皮书，在社会上引起较大反响，被誉为“企业家经商地土壤的‘墒情计’，城市商业信用环境好坏的‘晴雨表’”。可以帮助投资者、金融机构、政府监管部门判断城市的市场信用环境好坏，及其波动状况和变化趋势，为投资者提供投资安全性的参考，也为政府监管部门优化监管力量的分配提供决策依据。与此同时，CEI 还能让城市管理者清楚辖区的信用经济的问题所在，间接指向失信事件的潜在风险领域。在现阶段，更好地落实《社会信用体系建设规划纲要（2014—2020 年）》布置的建设任务，或做好城市信用体系建设试点工作，建立起高效的失信惩戒和守信激励机制。

社会信用体系的设计和建设工作始于市场。自 1999 年起，历经 2003 年、2007 年和 2012 年三次大转折，形成了当前的政府主导机制和推进方式。特别是从 2014 年夏起，政府推进社会信用体系建设的力度空前，社会信用体系功能的作用范围扩大到政务诚信、商务诚信、社会诚信和司法公信四大领域，信用信息整合和共享工作取得了巨大突破，并于 2017 年开始与征信业和行业组织建立信用信息互通共享关系。为使失信惩戒和守信激励方面的要求落地，信用信息的政府应用也已形成“联合惩戒”和“联合激励”的具体措施强力推进。然而，商务诚信仍然是关乎国家经济基础的重中之重，是贯穿2018年社会信用体系建设的主线。课题组持之以恒地编制CEI，是从民间智库角度为测度社会信用体系建设工作的效果提供更具客观性的第三方技术工具，是出于一种社会责任心。

2018年1月25日，由京WORK-北京码头智库平台提供智库、人才和经费支持，中国城市商业信用环境指数（简称CEI指数）课题组再次在京发布全国289个地级及以上城市商业信用环境指数排行榜单及分指数榜单，这是自2010年首次发布以来，第五次发布，旨在“提升城市营商环境，支持城市品牌建设”。

在2017年的研制工作中，拉萨市首次参评，使全国36个大城市（直辖市、省会城市和副省级城市）全部纳入了CEI的评价。在大城市中，北京市和上海市连续五次蝉联CEI综合排名榜单上的第一名和第二名，深圳市则重返大城市排名榜上的第三名。值得一提的是，在2017年，北京市的公共信用信息平台建成投用，联合惩戒措施效果明显增强。上海市则率先完成国内首部社会信用法律的立法工作。

2017年，在253个地级城市的CEI综合排名榜单中，荣获前三名的城市分别是山东烟台市、浙江金华市和广东惠州市。

2018年1月9日，国家发展改革委和中国人民银行公布了首批12个社会信用体系建设示范城市。对比CEI的评价结果可以看出，示范城市中的4个大城市在CEI榜单上排名都十分靠前，CEI还给出排序，前后次序是成都市、厦门市、杭州市和南京市。而示范城市中的6个地级市，它们的CEI排名也非常优秀，CEI排出的前后次序是惠州市、宿迁市、温州市、苏州市、威海市和潍坊市。其中，惠州市名列CEI榜单的前三甲。

由此可见，对于“信用中国”网站发布的“全国城市信用状况监测排名”，CEI是深度的技术补充，还能与之相互印证。相比而言，立足第三方智库的角度，CEI更聚焦于反映商务诚信领域的诚信状况，而且更注重研制的技术方法和评价结果的准确性。CEI课题组是隶属于信用管理行业社团的智库，坐拥征信优势资源，具备天然的优势。

在评价城市的基础上，CEI课题组在对各省信用体系总体运行状况进行分析时发现，浙江省和海南省能够保持相对良好的商务诚信状况，而广东省和山东省的商务诚信水平有所提升，这表明上述省份的信用体系运行效果比较好。与此相反，东北地区商务诚信状况不容乐观，该地区已经连续3次处于各大区域的垫底位置。

今后，CEI课题组将继续依靠京WORK-北京码头智库平台，依托业内专业机构及众多专家学者，继续发布CEI课题成果，为各城市管理和信用建设领域提供更具价值的研究成果。

（本文发表于《发现》2018年4月智库版）

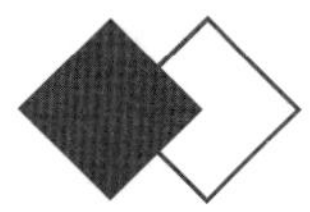

惩戒：科学有度

中国特色社会主义市场经济体系要走上高质量发展道路，需要构建和完善现代化市场经济体系，需要我们比以往更尊重市场内生的博弈规律，比以往更相信市场主体的首创精神，比以往更有效创造激发市场活力的制度保障环境。市场经济出问题，优先选用市场手段来解决。新时代，应对新常态要有新思路、新举措、新作为。

守信与失信是市场经济中伴生的孪生兄弟。失信往往属于道德范畴，失信行为往往介于道德失范和诈骗犯罪之间。失信惩戒机制，政府职责应该首当其冲，更要学会发挥市场配置资源决定性作用。失信惩戒机制是社会信用体系建设工作的核心任务，市场联防机制建设是该体系建设的二期工程。

失信惩戒机制，仅靠行政司法等手段治标不治本。建立和完善失信惩戒机制是市场经济运行中内生的需要，政府应当好信用法规制定者和全程监督的仲裁者，政府行政干预过多、过长、过深、过细必然产生不良后果。市场联防机制可有效发挥市场主体的积极性和创造性，为合法利益诉求，愿意花巨资收集、加工、更新和完善信用数据库，提升自身品牌竞争力和公信力，高效提供有水平、高质量的信用产品；监督和帮助失信主体加强自身建设和信誉修复；征信机构接受委托主体要求，提供全天候目标合作对象征信监控和风险预警。

失信惩戒机制，必须遵循宽严相济、恩威并重原则，必须要体现褒奖诚信与严惩失信，尤其要体现惩前毖后、治病救人的原则。概括为：给机会，有期限；有机会，没商量。失信惩戒目的，是让失信的代价以儆效尤，并不是一棍子打死，必须留有洗心革面的机会。国际实践经验表明，失信惩戒必须遵循四大原则。一是公正性，信用数据库必须坚持法律面前人人平等，坚决做到无空缺、无死角、无例外。二是期限性，守信数据信息可以保留一辈子，非恶意小失信保留一阵子，严重恶意或违法失信也不能保留一辈子。三是申诉性，对有异议的失信记录有申辩、更改、撤销的机会，即使不可更改，也应该有进一步解释失信缘由的机会。四是传播性，失信惩戒的利剑就是对失信行为进行更广泛传播，使对个体失信变成对社会成员的集体失信。

市场经济就是信用经济，市场主体一定要尊重市场并敬畏市场，只有新经济才能适应新常态。坚信信用经济、信用市场、信用消费、信用服务是规范市场经济秩序最可靠的良药。

（本文发表于《发现》2018 年 10 月智库版）

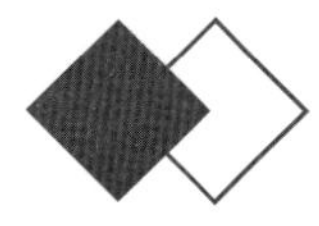

信用学 新学问

信用学的内涵、外延、动机和实质及其内在运行规律是游走在经济学和管理学等学科的边缘领域和真空地带。道德层面的诚信概念，在人类有家庭、有群居、有交易时就已经不自觉地产生，走向城邦进入规模交易的市场经济时代，体现契约精神的法制意义上的诚信概念就已经形成。社会意义的诚信是维系族邦和邦国间和谐、友好、互信、和平的基石；法制意义上的诚信是维系交易主体利益并维系高效正常市场经济秩序的基础。有了契约信用载体“货币”及替代货币“信物”，以货易货小规模交易行为就推出了市场。现代市场经济完全进入信用经济时代。

信用学，本身包括道德和法制两个维度，横向延展涉及的交叉学科极其广泛，如哲学、伦理学、社会学、法学、经济学、管理学等学科；纵向延展涉及政治、经济、社会、司法、文化领域，既涉及个人信用也涉及组织信用，既要体现结果的公平正义，又要体现程序的正义和公平，既要能定性又要能定量和评价，既要惩前毖后又要治病救人。所以，普遍把社会经济发展划分为自然经济、货币经济、信用经济三个阶段。信用经济学就是降低交易成本，提高全要素配置效率。

中国人民大学财政金融学院吴晶妹教授所著的《现代信用学》从全新的角度揭示了信用的内涵，认为信用是获得信任的资本，可交易、可度量、可管理，有社会价值、经济价值和时间价值。进而，《现代信用学》围绕信用的三维构成、度量、社会管理、供需产业链、规模和效率以及社会信用体系建设和政府信用监管等问题，深入探索了信用的运动规律，逐步揭开了信用神秘的面纱。

信用管理师是指运用现代信用经济、信用管理及其相关学科的专业知识，遵循市场经济的基本原则，使用信用管理技术与方法，从事企业和消费者信用风险管理工作的专业人员，也是在企业中从事信用风险管理和征信技术工作的专业人员。信用管理师是信用经济时代的全新职业。

当前，统筹推进“五位一体”总体布局，协调推进“四个全面”战略布局成为新时代遵循的主线，要构建现代化市场经济体系，提升完善社会治理体系和治理能力现代化水平，科学完善的社会信用体系建设及其工程必须跟上，法治政府、公信司法、诚信商务、个人诚信四个维度一个都不能少。

完善的社会信用体系，成为国家文明程度的文化标志，成为依法治国的重要文化支柱，成为社会和谐友善人人幸福无形的精神源泉。

（本文发表于《发现》2020 年 11 月智库版）

企业家精神是宝贵的财富
也是这些企业成功的源泉

期待
有更多的中小企业发扬优秀企业家的精神
发扬工匠精神，沉下来，钻下去，将精力投在产品上
投在更好为消费者服务上
实现高质量发展
实现可持续发展

给中小企业美好未来
中小企业努力创造美好未来
就是为了中国经济的未来
给中小实体经济美好的未来
就是为了中华民族的未来

——陈贵

企业论道

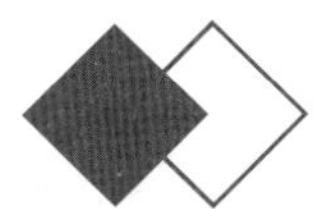

警惕先进产能过剩

供给侧结构性改革战略的提出，目标是加大高质高效体系供给能力，压缩和淘汰落后产能。党的十九大报告指出：“中国特色社会主义进入新时代，我国社会主要矛盾已经转化为人民日益增长的美好生活需要和不平衡不充分的发展之间的矛盾。”社会普遍关注的侧重点放在“不充分”方面，“不平衡”也主要是考虑城乡、区域和结构的协调范围。其实，适度控制相关领域“先进产能”的发展速度和节奏，在当前去杠杆形势下却显得格外重要。

中央财经委明确提出“结构性降杠杆”战略部署，目标是尽快降低地方政府和国企债务杠杆。基础设施建设、政府支持新兴产业热点领域已经出现产能过剩态势。这些领域快速发展大部分靠“上届地方政府贷款举债，下届地方政府以卖地财政还贷”，这是不可维系的，容易引发系统性金融风险。

首先，光伏产业、风电产业等昔日明星中的明星，因产业扶持力度过猛、体制机制制约、效率成本拖累、人工智能冲击等因素，已经淡出聚光灯下。

其次，高速公路、高速铁路等名片产业过度延展，未来的建设区位基本是偏远落后地区即“胡焕庸线”左侧，这势必造成靠卖票和过路费还贷，压力与日俱增。随着人口向东中部和大中富裕城市聚集，期待未来人口增加带动营收增加模型是不靠谱的。

发展，在新发展理念指导下，才是解决前进道路上社会主要矛盾的有效手段。产业和基础设施建设适度超前完全必要，妥善处理好政府尤其是地方政府的“手”与现代市场经济体系的“手”之间的作用，充分发挥市场主体和市场配置资源决定性作用。高端产能投资的控制节奏和步伐要合理释放，过度泡沫就会加大制度性和系统性金融风险。

淘汰低端落后产能与控制先进产能过度加杠杆铺摊子，应该引起政府决策高层注意。

（本文发表于《发现》2018 年 4 月智库版）

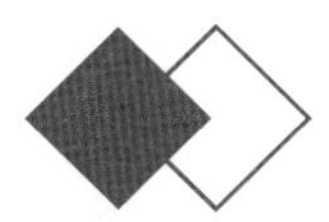

产业生态的背后逻辑

产业生态学（Industrial Ecology），是20世纪80年代物理学家罗伯特·佛朗斯（Robert Frosch）等人模拟生物新陈代谢过程和生态系统循环时开展的“工业代谢”研究。N.Gallopoulos等人首先提出了产业生态系统和产业生态学的概念。1991年美国在“产业生态学论坛”上，对其概念、内容和方法，以及应用前景进行全面系统的总结。另外IEEE（电气与电子工程师协会）在一份《持续发展与产业生态学白皮书》报告中指出，“产业生态学是一门探讨产业系统、经济系统以及它们同自然系统相互关系的跨学科研究，涉及诸多交叉学科领域协同”，该学科是专门研究“产业可持续能力的科学”。

生态（Eco-）一词源于古希腊文字，意思是指家（House）或者我们的环境。指生物在一定的自然环境下生存和发展的状态，包括生物生理特性和生活习性。研究物种、种群、群落和生态系统内外纵横之间合作竞争命运协同的关系，个体之间、群体之间、系统与系统之间及其生存环境之间环环相扣相克相生的共生关系。

森林（自然）生态学，根据物种间捕食、寄生、竞争和互惠共生关系，立足气候、水、土壤和氧气等基本因子，研究生产者、消费者、分解者和非生物物质能量和物质循环，探索生态阈值与自我修复、生存对策与自然选择、物质和能量小循环，以及大气、水大循环等，通过食物链关系驱动生态系统最大限度实现“平衡”且“动态平衡”。生态学，纬度和海拔决定物种的分布，维系系统平衡靠食物链的“捕食关系”，遵循的是“物竞天择，适者生存”法则。生存秘诀，改变自己，适应环境，自己被需要；改变别人，适应自己，别人需要我的“K 和 R”对策（生物在种群水平上对环境变化的两种适应策略，R 和 K 对策者都共存于同一种生态环境中，但它们可能占据了不同的生态位置，这也就是所谓的“生态位”的概念）。

产业生态学，是产业经济学研究的一个新方向，是产业经济学与生态学的交叉学科。产业生态学，研究产业组织、产业结构、产业分布、产业关联和产业环境理论，将产业作为典型的人工生态，分析产业的生态现象及其演替规律，从而完成了产业经济研究的范式转换和方法论变革。

产业生态的基本单位是企业，基本因子是人才、资金、土地和技术，市场用物质、能量和信息流自由配置要素资源形成产业集群。重点研究产业形成繁衍、空间分布、发展模式、竞争和合作等重要问题，探寻产业系统的产业链、价值链、资源流动和动态平衡等规律。产业生态学，市场是配置资源的厨师，维系生态圈平衡靠上下游产业的生态链“供需关系”，遵循的是“成本最优，效率最高”法则。

2017 年，《全球创新指数报告》显示，日本的横滨地区排第一，中国深圳和香港地区排第二，美国旧金山湾区排第三。世界著名优秀区域集群产业生态区，以飞利浦先锋物种为主导的荷兰埃因霍温高科技园区；以Goolge为代表的英国伦敦国王十字区；德国阿德勒斯霍夫（Adlerhof）高科技园区是欧洲最大的综合性一体化高科技园区；以及韩国大田大德谷高新区。

产业生态系统，必须融入区域经济协调大环境背景发展之中，产业经济圈构架要切记，池子里绝对不可以只养捕食者“鳄鱼”，初级生产者中小微企业（小鱼小虾）才是产业系统繁荣可持续平衡的重要基础。

产业生态学，研究产业组织、产业结构、产业分布、产业关联和产业环境理论。

（本文发表于《发现》2018年12月智库版）

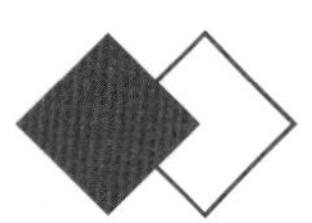

房地产宏观调控要明晰五个基本概念

中国房地产50人论坛，专家“会诊”宏观调控新政满月效果，普遍认为冷静客观思考房地产，加强制度创新和长期战略设计势在必行。

概念就是理论体系的基石，往往在危机和应急过程中被忽略。传说中不会说话的婴儿可以与宇宙对话，这就像孩子的天真智慧有时胜过大人，因为孩子永远坚信正义最终会战胜邪恶。

第一，市场经济的基础，就是产权明晰。一件商品只有是你的和不是你的，不是你的就一定是别人的。商品房有私人产权的就是市场行为，应该遵循市场经济规律。廉租房产权是国家的，很明确。小产权房、保障性住房、经济适用房等模糊产权一定不是市场经济的主流，一定要退出历史舞台。

第二，价值、使用价值和价格是市场交换的基石。价值通过使用价值来体现，交换用价格来衡量。价格的高低，完全是供求关系决定的并围绕价值上下波动。所以，仅将调控商品住房房价作为调控的目标和重点，也不科学。调节需求从而调节价格才是调控根本。

第三，房地产概念应该是地产和房产两部分，就像科技包括科学和技术两个概念一样。如果中国土地是稀缺资源，地价上涨对于开始城市化的国家，一定是不争的事实。

第四，老百姓需求就是人人“有房住”，并不是人人“有住房”。所以，市场经济条件下只有两个选择，买房或租房。产权很明确，要么是私人的要么是国家的。在产权问题上动摇，就是动摇市场经济，甚至倒退到计划经济。

第五，系统、科学是管理决策的基石。爱因斯坦质能公式 $E=mc^2$，爱因斯坦狭义相对论的伟大之处，他发现了质量和能量是可以交换的。房地产产业是一个复杂系统，房子在中国不仅仅是一件商品，里面蕴含着太多的文化和情感，听风就是雨的官僚主义决策作风实在要不得。爱因斯坦定律就是说明，速度更决定物体能量大小，是平方关系。但是，质量更具体更鲜活更直接，往往会误认为质量越大，能量越大。如果质量或速度是零，能量就是零。

（笔者时任北京房地产学会常务副会长）

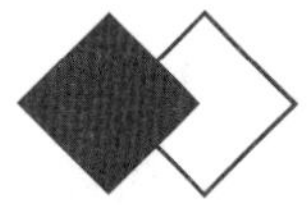

中国企业家慈善精神新高度

企业家和老板最简单的区别：是否如数缴税！企业和作坊的本质就是赚钱。赔本，那就连老板称谓都不是。

为什么最近“企业家精神”成了“热搜词”？40年来，财富进行富集作用，这一部分富豪已经对赚钱麻木，对花钱烦心，对散财烦恼了。胃口、胸口、领口和袖口都疲软了，是时候该找回点“新精神”或“新价值”。

企业家对“钱”的追求分三个阶段：赚钱、分钱、撒钱。有人说，都是没钱惹的祸；也有人说，就是钱多惹的祸。钱，没有价值观，所有者的价值观决定了钱的价值观。是春雨润大地，还是破堤进万顷，视钱如生命，视钱如粪土，确实需要党和政府悉心引导。

散财，这是富豪们必须修炼的一课，绝对不能也没机会挂科。富人不帮助穷人过上好日子，富人的好日子也就不能长久。咋散，天女散花？倒抛绣球？还是吃干喝干？这，取决于企业家的世界观、人生观、价值观。

扶贫济困，救人水火，这是企业家慈善公益事业的起点，也是终点。效率与公平永远博弈，这样的慈善公益理念在中国很普遍，也确实为政府排忧解难做了实实在在的工作。2020

年小康后时代，实现脱贫目标，企业家慈善公益理念就要更新。

帮助支持期待“强者更强”，就是企业家公益慈善事业的“另一境界”。美国是私人家族型基金会发展最早的国家，有内因和外因的影响，耳熟能详的世界和美国著名基金会，资助方向多集中在教育、医疗、环境、创新和思想智库领域。补短板，还是让长板更长，这需要价值判断和私人基金会创立人的价值取向。如：支持一所私立大学成为“双一流”，扶持一家民间智库创造出更有价值的成果，建造一所慈善公益医院和创新儿童、治癌新药的慈善公益药厂，构筑专项环境公益治理机构，甚至创办一本高质量的期刊报纸。

谁的钱，当然谁做主。扶助弱者，成为共识。支持强者，仍要消化。

（本文发表于《管理观察》2017 年第 30 期）

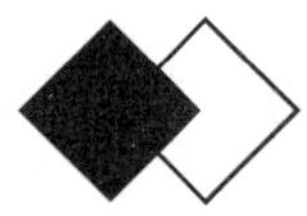

品牌源自企业家精神

品牌，是国家创造力的标志。

根据联合国工业计划署统计，全球约有8.5万个产品品牌，其中著名品牌占3%，却拥有40%的市场份额。全球名牌产品销售额占全部销售额的80%。当前，在世界500多种工业品中，中国有220个产品产量位居世界第一，但是世界企业品牌百强榜单中，中国可能就两家企业。一个是华为，半个青岛啤酒，再加半个联想。

标准，是企业经营的制高点。

改革开放40周年，前30年多数制造业企业贴牌加工，近十年，开启了引进、吸收、再创新进程，决心从制造业大国向制造强国迈进。有句话，三流企业卖产品和服务，二流企业卖品牌、文化和故事，一流企业卖标准，从企业标准、行业标准，上升到国家标准和世界标准。企业，也要从商标、专利向标准战略提升迈进，标准化是企业品牌战略的重要抓手。

品牌强国，已成为国家战略。

我国汽车业产销量多年位居世界第一，但重要零部件和加工重要零部件的设备基本靠进口，试图只是做个顶棚、安四个轮造汽车，是很难做成品牌的。

2017年4月，国务院批准了《国家发展改革委关于设立“中国品牌日”的请示》，同意自2017年起，将每年5月10日设立为“中国品牌日”。这是全面实施国家品牌战略的重要举措。这是企业家的节日，也是全社会的节日。个人需要塑造品牌形象，城市需要塑造品牌形象，国家更需要塑造品牌形象。

对于企业经营者来说，弘扬企业家创新担当精神，传承依法经营诚实守信文化，全社会形成尊敬工匠和倡导工匠精神的氛围，这是企业品牌战略的基石。我们期待，不断完善依法保护企业家精神的法律规范，不断强化依法保护知识产权的制度建设。全社会应积极营造鼓励创新、容忍失败、公平竞争、诚实守信的营商环境，弘扬优秀企业家精神，激发企业主体的创新活力。

让我们携手同行，争取为中国品牌梦和品牌中国梦尽早实现而不懈努力。

（本文发表于《发现》2018年2月智库版）

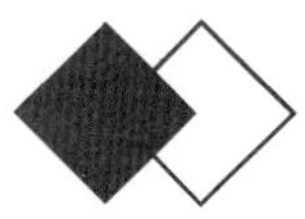

文化熔铸企业品牌

企业文化反映企业家经营管理的哲学内涵。企业文化必须是可持续发展特有的人格文化，必须是经营有道的文化，必须是全员信奉并一致遵从的文化。企业文化是企业品牌灵魂，企业家精神是企业文化的核心。

如何经营是企业家事业向左走还是向右走的方向盘、离合器和制动器。具备优秀企业家精神的企业文化，“马车”才会跑得快、跑得稳、跑得远。

企业文化（Corporate Culture Organizational Culture），是企业家价值观在企业外化（信念、仪式、符号），分析问题的角度和解决矛盾方式等企业特有做人做事哲学的形象。它包括文化观念、价值观念、企业精神、道德规范、行为准则、历史传统、企业制度、文化环境、企业产品等。

企业需要责任担当和品牌价值。盈利，是企业应有的天职，世界每一家企业应有价值的共性。让那些连工资都发不起的企业去研究企业品牌文化，实在勉为其难。企业文化及品牌定位必须独特，贵在坚持，长期积淀。企业文化直接取决于企业创办者的境界、追求和财富观念。企业文化，必须要独树一帜，品牌必须展示工匠精神、持续创新能力、诚实守信等。多变、善变、常变的文化只能是“术”的层面，没有“道”的境界的文化，不能称其为优秀的企业。

品牌，名牌产品必须具备知名度和美誉度，品牌的核心是产品的高品质。塑造品牌需要工匠精神，放得下眼前，耐得住寂寞，花得起时间，经得起检验。高、精、久等构成品牌的要素。如高技术、高附加值、高效、高雅、高尚等，精细、精美、精致、精准、精密等，久远、经久、耐久等。品牌，需要品牌的土壤。保护知识产权，鼓励创新精神，崇尚一流文化。

创新、诚信文化和优秀企业家精神，是打造企业品牌不可或缺的基石，而且一个都不能少。

（本文发表于《管理观察》2017 年第 33 期）

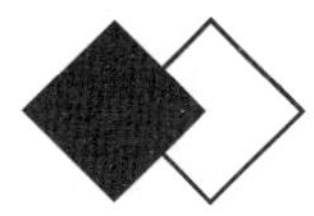

以人为本 企业制胜

企业家第一任务，给员工发工资。企业管理起点，就是能持续、稳定、增长地给员工发工资。活着，这是讨论企业管理的前提和基础，是讨论企业战略、愿景和文化的基础，也是讨论企业家精神和社会责任等问题的基础。

人，是一切问题产生的核心。企业管理是配置要素、管理好人、实现目标、创造价值、完成分配的过程，包括股东、董事、执行、员工，以及供应商、销售商和终端客户组成。生产力的核心要素是劳动工具；生产、交换、分配和消费构成生产关系四要素，生产关系的核心要素是人。两者相互制约又相互促进，矛盾运行反复从而推进社会进步。

人，主观能动性发挥决定一切。路线方针确定了，剩下就是人的问题。发现人，留住人，培养人，激励人和用好人是企业永恒的课程。企业家要有识人之眼、聚人之德、容人之心、诲人之道、用人之胆。企业垮了，往往不是死在发不起工资的漫漫长夜，而是死在辉煌事业的黎明前鱼肚白和太阳即将升起的灿烂早晨。

人，检验人性的唯一尺子是时间。时间是矛盾的制造者，也是矛盾的分解者。新人和老人先后的冲突，功臣和老板功过的冲突，老板夫妻之间主次的冲突。失衡，是为了“钱”，也是为了“前”。失衡，不是自己得少了，而是别人得多了。失衡，每个人算自己创造价值的贡献，老板汇总起来是真实财富的几倍。管理就是授权，管理就是平衡，管理就是下棋。

人，步调一致的一群人才能走快走远。乐队需要指挥，大雁需要头雁，狼群需要头狼。令行，就不能讨价；禁止，就要坚决彻底。一个人摔倒，一定是人的问题。多人在同一个地方摔倒，一定是地不平的问题。细节，决定成败。其实，人，人和什么人组成一群什么人，才真决定成败。

人，是懂得趋利避害的动物。人的自身需求是有理论依据可寻，人，都有不断增长的物质精神合理及不合理需求。逃离苦海，寻找幸福；躲避危险，寻找安逸；憎恶歧视，争取平等；挣脱束缚，渴望自由。艺术处理激励与约束平衡，是企业管理工作的核心。奖，就要及时奖到位，必须奖到心跳；罚，就要及时罚到位，必须罚到心痛。

管理企业，发现好问题，比解决好问题重要。办法，一定多于烂问题。好问题，一定胜过完美的答案。老板办企业，没有事前完美的战略，用发展解决发展中的问题，用时间换空间，用土地换和平。企业家，是地球上的稀缺动物，民营中小微企业家比当大国总统都艰难。不要先瞄准再开枪，要先开枪后瞄准。试验，先试验，大规模进攻前必须勘察地形是指挥官的必修课。

魅力聚人，事业留人，远景励人，文化度人。人，是地球上最难了解自己的一种动物。半辈子苦行，一辈子修行。人，还是不会彻悟，人，到底是个什么东西。

我，是一切的根源。

（本文发表于《管理观察》2017 年 7 月）

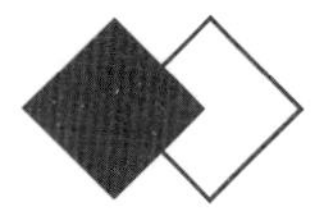

专注就是竞争力

英裔加拿大作家格拉德威尔在《异类》一书中提出了“一万小时定律”——要成为某个领域的专家，需要一万小时，按比例计算就是：如果每天工作八个小时，一周工作五天，那么成为一个领域的专家至少需要五年。当然，一万小时是成为一个领域专家的必要条件，至于能否成为专家，还取决于这一万小时工作的效率和质量。

《专注：把事情做到极致的艺术》作者亚当·格雷萨认为，大脑的注意力是有限的，只有一次专注一件事，才能在充满干扰的世界不浪费人生。Rescue Time公司首席执行官乔·赫鲁斯卡认为，切换工作任务的次数越多，完成的工作量反而越少。研究表明，现代社会中人们平均3分钟就会受到一次干扰，而重新进入专注状态则需要25分钟。

专注做好一件事，投入较多的时间把一件事情做到极致，远胜于把很多件事都做得平庸。这个道理不仅适用于工作学习，对于企业经营，也同样适用。

章丘铁锅在制作过程中，匠人们需在常温下，手工锻打数万次，让铁锅密度逐渐提高，直至表面光滑如镜。没有足够的专注和耐心，则很难凝聚时间、精力和智慧打造出工艺品般的铁锅品质。再经过《舌尖上的中国》纪录片的传播，章丘铁锅名扬天下，供不应求。

公牛插座20多年专注于电器插座市场，一心一意研究产品和市场，不仅把这个“小生意”做出了大局面，而且不断推陈出新，树立了一个行业的高度，成了名副其实的行业领导者。专业专注，成为公牛的企业文化。

《隐形冠军》作者赫尔曼·西蒙对德国几百家在各自所在的细分市场默默耕耘并且成为全球行业领袖的中小企业进行研究，发现这些企业最大的特点就是异常专注，只专注于某一细分领域，只有专注和专业，一个企业才可能成为世界市场的领导者。

只有专注，才能成就专业和高品质。公牛插座成立了课题组，专门研究产品使用的方便性、安全性和可靠性，还建立了产品设计中心、电子设计中心和工程工艺中心。大到插头、电线、外壳和开关，小到内部铜片甚至螺丝，每一个公牛插座，都要经过27道全方位安全设计。

当前我国经济正处在向高质量转型的关键时期，我国消费市场对高品质产品、服务的需求也呈现较好的增长势头，专注于某一细分领域，专注于产品品质，专注于提升消费者体验，将产品和服务做精做优做强，一定是提升竞争力的关键，也一定大有可为。

（本文发表于《发现》2019年4月智库版）

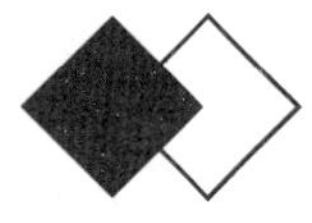

利他就是利己

企业管理的经典思想有泰勒的科学管理、戴明的质量管理、丰田的看板管理、德鲁克强调的目标管理等。偶尔有人提出经营是一门艺术，后来，企业的经营管理同“科学”两字挂钩。当时，并没人把经营同“哲学”相连。稻盛和夫的《经营哲学》《稻盛哲学》《京瓷哲学》让人眼前一亮，他诠释了企业在“对手强大自己才会强大”的竞争中倡导和谐共生哲学的智慧魅力。稻盛的“利他”哲学代表了人类的良知和睿智、指明了企业前进的方向。

在杭州，有一个专门为求职的大学毕业生提供住处的旅行社——携职旅社。这个创办于2008年的旅社被众多大学生当成杭州最好的“求职招待所”，不仅因为它价格低廉、服务周到，而且学生一旦入住还会有专职的“人才红娘”向学生索要简历，为学生推荐合适的工作。因此，携职旅社被大家昵称为“大学生版的如家”。旅社创始人温少波最初的想法很简单，就是考虑到刚毕业的大学生找工作难并且负担不了高昂的租房价格，所以创办了房价低廉的携职旅社。让人意外的是，携职旅社自2008年7月创办之初到现在，平均入住率高达83%，生意兴隆。

稻盛和夫一生培育了两个世界500强企业，他说他所有的成功之道，可总结为8个字——敬天爱人，利他之心。稻盛和夫认为，“利他”是企业经营的起点，拥有“利他之心”的企业是战无不胜的。这里的“他”，不但代表员工、客户，还包括供应商、股东、银行、社区和其他利益相关者。

任正非接受CNN采访时表示要向苹果学习，把价格做高一点，让所有的竞争对手都有生存空间，而不是通过价格降低来挤压这个市场。爱立信总裁曾说，“假使爱立信这一盏灯塔熄灭了，华为将看不到未来”。任正非的回答是，“我们一定要在彼岸竖立起华为的信号塔，但我们也不能让爱立信、诺基亚这样的值得尊敬的伟大公司垮掉，我们乐于看到多个信号塔共存，大家一起面对不确定性的未来”。2014年，欧盟曾经发起过对华为的反倾销调查，结果爱立信和诺基亚站出来反对，为华为背书——华为不是低价倾销……

《孙子兵法》不战而胜的战略思想中也是坚决反对赶尽杀绝战术理念。王安石有诗云：“不畏浮云遮望眼，自缘身在最高层。”做企业，有时候不能只盯着自身，不妨站得更高一些，要为合作伙伴创造价值，甚至给竞争对手生存空间。利他是一种境界，也是一门哲学。利他，就是利己；利他，比利己更幸福；利他，是最高境界的“利己”。

（本文发表于《发现》2019年5月智库版）

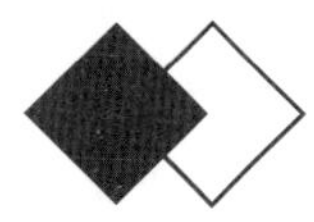

进化必基业长青

达尔文的进化论认为物种是通过遗传、变异和自然选择，从低级到高级，从简单到复杂不断地进化着、发展着。观察自然界的演进，能够生存下来的生物，并不一定是体积最庞大又或者最强有力的。所谓适者生存，竞争的最后，也许不是力量与力量的对抗，而是物种与物种的比拼。企业与生物的系统进化相类似，物种之间均采取共生、伴生和寄生，并奉行“R对策”和“K对策”生存对策，它在外界环境变化和内部调整的相互作用中随着时间的推移不断演替进化。企业的进化同样以适应性为前提，企业在进化中提高了适应能力。

企业进化论理论（Enterprise evolution theory），源于进化经济学（Evolutionary Economics），其发展历程可追溯至约瑟夫·熊彼特（Joseph Schumpeter）和阿门·艾尔奇安（Armen·Alchian）的“企业拟生物特性”研究。在其《经济发展理论》一书中，熊彼特提出，资本主义经济是一个以技术和组织创新为首要特征的演化的动态系统。现代的进化经济学家们批判地继承了熊彼特的基本观点，并将研究的范围扩展到了许多被熊彼特本人所忽略的领域，其中之一，就是提出了企业具有类似生物进化的演替思想。从某种意义上说，对大环境的适应能力，成为决定企业生存和发展的决定力量。

在优胜劣汰适者生存的自然世界历史长河中，面对有限的市场容量和生存空间，企业是否被淘汰，取决于企业自身的机制与力量。换言之，企业需要有一种不断自我进化和不断适应外部环境的内在求变能力。唯有脱胎换骨，方能长生久视；唯有不断进化，才能赢得未来。

当前，我国经济由高速增长阶段转向高质量发展新阶段，经济发展面临较为严峻的国内外环境，经济下行压力持续，有一些企业因为适应不了经济环境的变化而面临亏损甚至倒闭。适应经济环境和财政、货币政策的变化，适应高质量发展的要求，适应消费和市场对产品、服务更苛刻的选择，这是企业进化的必然要求。如果企业不能够及时进化，提升创新能力和可持续发展能力，必然要被不断变化的经济和市场环境所淘汰。

由此可见，企业无论是组织升级，还是技术创新，还是战略调整，都是为了适应进化，为了更好适应环境的变化。企业唯有不断按照规律进化，才可长盛不衰基业长青。

（本文发表于《发现》2019 年 7 月智库版）

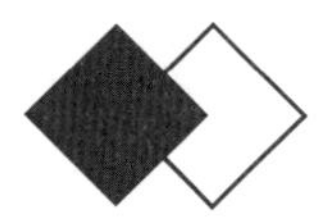

构建机场运营新生态

机场是服务航空飞行旅客出行的地面勤务保障机构，如何盈利是机场运营最头痛的问题。运行模式分为：以美国为代表的“管理型”机场，不以盈利为目的，仅作为公共服务基础设施；以英国为代表的“经营型”机场，以盈利为目的对机场进行企业化管理。其主营业务（航飞保障）就是从飞机起降综合产业链服务中盈利。非主营业务（非航业务）主要来自针对旅客进出候机楼区域的购物、休闲、娱乐、物流、停车等特许收入。从境外机场的管理模式来看，非航业务盈利能力是提高机场发展水平的重要渠道，其占比是衡量机场非航业务发展水平的重要指标。

非航业务经营理念主要是瞄准出入机场旅客个人现场消费，目前靠垄断性高租金高售价的盈利模式没有可持续盈利空间，纵观国内外均跳不出国际机场普遍非航运营的传统盈利模式。非航业务理念需要创新，完全可以把全国各省候机楼、进出大机场快轨及机场高速、空中客舱等场景整体看作一个商业综合体来统筹运营。

机场普遍没有认识到这些免费稳定巨大超时“流量”的商业价值，没有意识到全国机场间空间载体产业链的协同价值，旅客入港、出港中出发地与目的地的全程商业衍生生态价值。

据相关报告显示，2015 年全球机场总营收 1520 亿美元，其中非航收入占比 40%，我国三大枢纽机场非航收入占比均在 50% 以下，在所有的非航业务收入中，零售、餐饮占比 26%。近年统计，香港机场管理局（集团）非航收入占比在 2016 年就达到 67%，新加坡樟宜机场达 60%，美国丹佛机场达 78%。2019 年全国大概有 230 座机场建成通航，北上广深的机场总旅客流量应年度分别过亿。有关方面研究显示，300 万以上流量人次的机场可以盈利，100 万以上流量人次的机场肯定亏本。由于国内机场运营的投资主体分散，受政企不分体制机制、上下游产业链缺乏资源空间融合机制等因素制约，国内机场八成以上处于亏损，而且长期看也找不到更好突破口。

“凤凰展翅”的北京大兴国际机场，突出了“大骨架、大视野、大空间、大流量”艺术展览馆的绝对优势，从四层出发层走进大兴机场气势恢宏的单体航站楼，可以让室内自然光采光面积超过 60%。预计 2025 年旅客吞吐量将达到 7200 万人次，远期可满足年 1 亿人次的出行需求。简单开几服药：打造凤凰展翅网上商城，包括所有省会机场商铺；组建凤凰涅槃中国品牌展览公司，把省会以上机场群全域打造成展览馆；组建机场楼顶广告公司，机场候机楼外屋顶 24 小时广告平台等。

（本文发表于《发现》2019 年 10 月智库版）

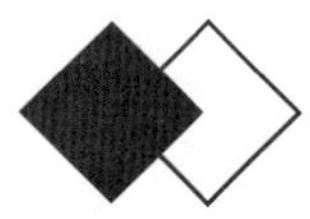

垄断，好与坏

尼尔·波兹曼，是世界著名的媒介文化批评家，是《童年的消逝》（1982年出版）、《娱乐至死》（1985年出版）两本有影响力的书的作者。加上《技术垄断》（1992年出版），这三本书被合称为波兹曼的媒介批评“三部曲”。尤其《技术垄断》分别对“工具使用文化”“技术统治文化”“技术垄断文化”进行阐述，详细探讨技术进步对人类生活和个群意识形态的影响。

1890年，美国国会几乎全票通过了全球第一部反垄断法《谢尔曼法案》，1911年，美国最高法院裁定首富洛克菲勒（Rockefeller）的标准石油在反垄断诉讼中败诉，随后标准石油被拆分为34个公司。垄断寡头最后的竞争手法是，竞争对手要么卖给它，要么破产清算再卖给它。资本主义为什么要这样呢，如何看待垄断和反垄断的价值观，无论国企和民企都崇尚把企业做大做强又如何理解？

垄断，是一种特殊的市场结构，又称为市场势力。形成垄断的主要原因有三个：自然垄断，一个生产者比大量生产者更有效率，这是最常见的垄断形式；资源垄断，关键资源由一家企业拥有；行政性垄断，政府给予一家企业排他性地生产某种产品或劳务的权利。

完全竞争是指市场上买者和卖者如此之多，以至于单个人的交易策略对价格没有任何影响。完全竞争可保证市场能达到最高经济效率，就意味着量大质优价低。不完全竞争，买者和卖者的行为对价格有影响，垄断就是不完全竞争的一种。不完全竞争包括垄断竞争、寡头和完全垄断。首先，垄断可造成完全竞争市场所假定的条件得不到满足从而使资源配置缺乏效率；其次，垄断可能导致管理松懈。

垄断的好处有诸多评价，最典型的是可以避免重复建设造成生产要素浪费，集中力量办大事、办难事、办好事等。垄断的坏处多于好处，如缺乏危机感，低效率，破坏科技创新生态，寻租腐败高发、多发等。以底特律为代表的汽车城破产的美国“工业绣带”案例，对比欧洲“工业绣带”以及我国东三省亟待振兴且步履艰难状况，抛开制度和意识形态看待其共性，应该是产业集中单一造成“垄断”地位所致。因此，垄断的坏处与意识形态、制度和体制机制完全无关，不当使用甚至滥用市场支配地位是生物学本能使然。

垄断，作为一种经济社会现象，分为垄断地位和垄断行为。垄断地位，主要指在市场上处于支配性地位；垄断行为，主要指利用支配地位限制、排斥市场竞争行为甚至打击竞争对手的举措，大多数国家反垄断法的重点都转向反对垄断行为。眼前只是看中短利，那就崇拜做大做强；心中若有高效可持续未来，那就关注因子、种群、群落和生态系统演替和动态平衡。改革开放之前大家普遍低血糖低血压低脂肪，肉是最好的东西；今天大半人群“三高”甚至N高，就是肉吃多了。

人类的认识需要螺旋式，走过四十多年，我们应该看清垄断的好与坏。

（本文发表于《发现》2020年1月智库版）

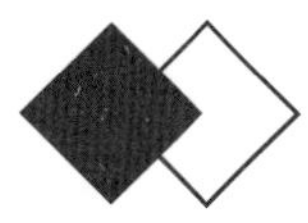

减少焦虑 守住内功

当前，全球环境面临严重的不确定性、不稳定性，各国经济均面临较大的衰退压力。2020 年二季度美国国内生产总值（GDP）按年率计算下滑 32.9%；日本下降 27.8%，降幅创下“二战”后最高的纪录；欧洲最大经济体德国二季度 GDP 比上季度减少 9.7%，是自 1970 年德国开始进行季度统计以来的最大跌幅。严峻的外部环境对我国出口行业造成了较大影响，进而也影响到其他行业，国内很多企业在焦虑中发展，甚至不知所措，纷纷停业撤店。

中美经济完全脱钩可能性很小，一旦脱钩对美国造成的影响同样不可估量。随着经济形势的演变，中美关系会逐渐好转，最终还是会回到沟通合作的轨道上来。关注时政，关注局势变化对经济环境的影响，但不应该为此所累，应专注于研究市场，修炼内功，提升定力，做好产品研发升级、提升数字化转型和新服务能力。

2020 年上半年，我国国内生产总值同比下降 1.6%，但二季度增长 3.2%，经济韧性复苏的势头进一步展现。以国内大循环为主体、国内国际双循环相互促进的新发展格局已经启动，基于我国庞大的国内消费市场以及转型升级的步伐日益加快，经济长期向好的基本面不会根本性改变。

我国民营经济在波折中发展已成规律，四十多年来中小民营企业家习惯逆境前行。企业应根据形势，整合创新，寻找对策。当前的复杂局面一方面是疫情和国际环境带来的，另一方面跟高质量发展带来的新变化和新要求有关。广大中小企业应该从以下几个方面寻找对策：一是善待坚守岗位、做出成绩的骨干员工，吸纳他们为企业股东或合伙人，共同迎接未来挑战；二是上下游产业链企业应打通产业链阻碍，组建利益共同体，避免恶性竞争，抱团取暖应对市场波动；三是出口企业应积极参与国内大循环市场的构建升级，与各类企业共享发展要素资源和渠道，共同承担经营成本风险。

即使没有当前中美摩擦带来的外部影响，我国经济进入高质量发展阶段，依靠科技创新驱动内涵型增长，传统粗放发展模式已不可持续，企业必须提升内功，提升产品附加值和科技含量。与其在焦虑中担忧，不如静下心来，研究形势，把握趋势，聚焦主业，提升内功，把功夫练扎实，把产品做瓷实，积极应对新消费形势下的市场竞争，抓住消费者，就能抓住未来。

中小企业家，什么都不懂肯定不行，什么都懂也未必行，排除干扰，凝心聚力，坚守主业，逆势而上。坏的时候，往往就是再次起步的好时候。

（本文发表于《发现》2020年8月智库版）

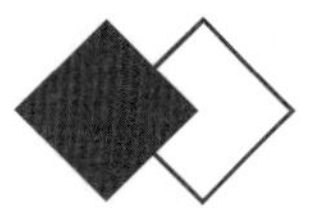

诚信为基铸品牌

20 世纪 90 年代，随着国家正式放开白酒价格，白酒业逐步告别产品短缺时代，进入了营销为王激烈市场竞争阶段，这一时期的“鲁酒”可谓独领风骚，涌现了诸多白酒经典营销案例，真可谓，中国广告酒气冲天的时代。

1993 年，曲阜的孔府家酒借助中央电视台热播《北京人在纽约》电视连续剧的势头，聘请女主角扮演者王姬在央视黄金时段播出的“孔府家酒，叫人想家”广告，温暖了在外打拼游子们的心，泥坛罐风格的孔府家酒也由此畅销大江南北。

1994 年，来自山东鱼台县的孔府宴酒拿下了央视首届“标王”。次年，“喝孔府宴酒，做天下文章”的广告又大获成功，孔府宴酒全年实现营收近 10 亿元，孔府家酒销售收入则为 9.6 亿元。

1995 年底，山东潍坊市临朐县秦池酒厂以 6666 万元价格拿下了中央电视台“标王”的桂冠，1996 年秦池酒厂实现销售收入 9.8 亿元，利税 2.2 亿元，相比前一年增长 5 到 6 倍。央视标王，成为当年酒馆茶馆的热搜词。

1996 年底，在央视第三届“标王”争夺中，竞争从 8200 万一直到 2.2 亿元的高价，一轮接着一轮的厮杀后，秦池酒厂的厂长姬长孔打破了局面，喊出了天价“秦池三亿二千一百二十一万一千八百元”。之后媒体记者问姬长孔，这个价格是根据什么算出来的，他笑着说道：这是我的手机号码。

作为一个小酒企，秦池喊出 3.2 亿元的天价遭到了巨大质疑，《经济参考报》开始对秦池酒厂进行明察暗访，并连续发了 4 篇系列报道，第一篇是《雾里看花访秦池》，第二篇《川酒滚滚流秦池》报道了大量的四川散装白酒被秦池大量收购，运回山东后进行“勾兑”，这些品质参差不齐的酒最后都被打上“秦池”的品牌销往全国。随后又发表了两篇《秦池方式是与非》《广告业酒气冲天》，分析了秦池独到的销售模式，先通过广告来打开预期市场而不是通过产品。

其实勾兑白酒是行业里的一门技术，而且勾兑出来的白酒并不影响其品质。当时的媒体对白酒勾兑这一块并不是很了解，老百姓也不懂，相信报纸上说的是对的，秦池也不懂如何与媒体沟通，几方面的共同作用，让秦池的声誉一落千丈，销量也直线下滑，此后便消失于白酒的江湖。

如今回头看，当年鲁酒的广告语充满人文情怀，营销效果也不错，但为何在短暂风光之后就急转直下？主要还是因为品牌借助央视“标王”的名头快速崛起，缺乏坚实的基础，经不起市场的拷问和消费者的质疑。而唯有诚信，酒久归一，才是品牌塑造的核心，是品牌发展的基石。失去了诚信，再多的宣传和广告都没有意义。只有以诚信为基石铸就品牌，企业才能一路走远，发展壮大。

（本文发表于《发现》2020 年 10 月智库版）

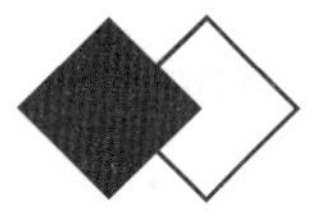

工业革命成功逻辑

2020年5月29日习近平总书记在给25位科技工作者代表的回信中提出，创新是引领发展的第一动力，科技是战胜困难的有力武器。希望全国科技工作者弘扬优良传统，坚定创新自信，着力攻克关键核心技术，促进产学研深度融合，勇攀科技高峰。[①]

18世纪第一次工业革命在英国出现，以牛顿力学体系为基础，瓦特改良蒸汽机为标志；19世纪第二次工业革命在英、美出现，以法拉第电磁感应理论为基础，特斯拉发明交流发电机为标志；20世纪第三次工业革命在美、英出现，以爱因斯坦相对论为基础，开启和平利用核能时代，半导体新材料和集成电路芯片出现；21世纪第四次工业革命在美国首先出现，本次工业革命很难找到一个核心理论和标志，呈现出的是以互联网产业化、工业智能化、工业一体化为代表，以人工智能、清洁能源、无人控制技术、量子信息技术、虚拟现实，以及生物技术为主的全新技术革命。

①《习近平回信勉励全国广大科技工作者》，新华网，2020-05-29。

几次工业革命的特征概括为：第一次革命实现机械化，第二次革命实现了流水线，第三次革命实现了自动化，第四次革命实现了智能化。人们评价几次工业革命时多是聚焦在技术和工具的革新，但是普遍忽略了其他四个方面核心成功要素。第一，原创都出在英美法地区，大陆法系都是跟进；第二，每次科技革命起点都是以大学、大教授、大科学家的基础理论突破为源头；第三，每次科技成果产业化都离不开具备远见卓识投资家的身影；第四，每一次科技革命战线上“最后一公里”都是具备冒险精神的企业家们唱主角。这充分说明重大关键领域的基础理论创新、自主原始创新，以及科学创新、技术创新均源于制度的创新和思想的创新。

由此可见，历次人类科技革命成功的秘诀，就是“产学研”要高度融合，是科学精神与企业家精神的高度融合，是制度体制机制创新环境与创新主体活力和人才辈出时代的高度融合。构建现代化市场经济体系，全面实现高质量发展，创造科技新格局、发挥科技新优势，具备科学精神的科学技术原始创新成果是重要支撑。

没有制度创新，没有理论创新，没有思想创新，科技创新必然成为无本之木无源之水。列宁在《怎么办？》一文中说：“没有革命的理论，就不会有革命的运动。”

（本文系作者在第十七届中国科学家论坛新闻发布会上的讲话节选）

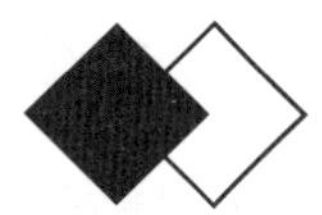

伟大理论与伟大实践

列宁在《怎么办？》一书中提出，没有革命的理论，就不会有革命的运动。在科学技术领域，同样如此，分享四个案例，旨在强调并说明。

爱因斯坦的相对论与玻尔的量子力学

爱因斯坦与玻尔就量子力学解释有过“四次”论战，有了“第五次索尔威会议”这一群星闪烁的集体照片，号称汇集全球三分之一智慧的照片。论战为科学界留下永久的财富：“哥本哈根精神”。当时，爱因斯坦参加大会辩论发言的论文《牛顿力学及其对理论物理学发展的影响》。1921 年爱因斯坦、1922 年玻尔双双获得诺贝尔奖。他们彼此祝贺，都为对方的获奖感到“莫大的幸福”。这样的辩论是人类科学史上的财富，仍将影响和正在影响人类的文明和进步，就是因为他们的伟大才值得敬佩和纪念。

青霉素与弗莱明

1928 年，英国人弗莱明（A. Fleming）在培养葡萄球菌的平板培养皿中发现青霉素，但当时这一重要发现并没有引起人们的重视。直到 1940 年，英国的病理学家佛罗理和德国的生物化学家钱恩通过大量实验证明青霉素可以治疗细菌感染，具有治疗作用，并建立了从青霉菌培养液中提取青霉素的方法。随后医生第一次用青霉素救治一位患败血症的危重病人，使当时无法治疗的败血症病人恢复了健康。这三位科学家的发现，使青霉素挽救了成千上万人的生命。为此，他们三人共同获得了 1945 年的诺贝尔生理学或医学奖。

显微镜与列文虎克

列文虎克是第一个用放大透镜看到细菌和原生动物的人，对 18 世纪和 19 世纪初期细菌学和原生动物学研究的发展，起到了奠基作用。1905 年，爱因斯坦首次揭示了光子的波粒二象性，为电子显微镜诞生奠定了理论基础。1923 年，32 岁的德布罗意假说提出，一切实物粒子都具有波动性，并给出物质波波长的计算公式，因此获得 1929 年诺贝尔物理学奖。1935 年，荷兰物理学家泽尔尼克创造了相衬显微技术，获得诺贝尔物理学奖。在这一理论指引下，1939 年，西门子公司制造出世界上第一台实用的电子显微镜。

血型与兰德斯坦纳

1902 年，兰德斯坦纳发现除了 A、B、O 三种血型外还存在着一种较为稀少的第四种类型，后来被称为 AB 型。1927 年经国际会议公认，兰德斯坦纳也被后人冠以“血型之父”的美誉。今天看起来习以为常的无偿献血、手术输血的实践，应该记住每个时代这些科学家的伟大贡献。

伟大的科技革命实践，都是以科学理论大突破为前提。小聪明，不能代替大智慧，好奇心，是科学精神起点。希望我们的科学家、思想家、企业家，在伟大理论与伟大实践之间架起改变人类改变未来的桥梁。

（本文发表于《发现》2020 年 6 月智库版）

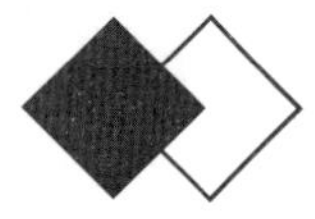

商道与文明

大家都知道，临河、临江、临水而居是世界人类各民族文明形成的普遍模式。《世界文明史》（威廉·麦克高希著）概括了五大文明发源地，公元前4000年古巴比伦文明、古埃及文明、古希腊、古印度和古中国文明构成了古代社会五大最伟大的文明。而“两河流域文明”是古代社会最早的文明，该文明兴起于底格里斯河和幼发拉底河之间，属于大河文明。两河文明强大的辐射能力通过尼罗河、红海和黎巴嫩传播到尼罗河流域影响了该地域各民族的文明形成。对后来的古埃及文明和古希腊文明的影响也是深远的。

码头，在我国古代叫“津”或者叫“渡头”，是水边供船停靠的建筑。古代交通落后，隔河千里远，走江行船成为人们出行、商业往来的重要方式。为水路航运服务的码头，其作用显得更为突出。各类码头功能不一，但都是承载着水域文明和内陆文明的连接点，无一不成为独特的人文景观。在唐朝中期以前，中国对外主通道是陆上丝绸之路，之后由于战乱及经济重心转移等原因，海上丝绸之路取代陆路成为中外贸易交流主通道，在宋元时期海上丝绸之路是覆盖大半个地球的人类历史活动和东西方文化经济交流的重要载体。

城市的形成模式分几类，其中，内陆城市多以集市为圆心形成本区域人流物流的汇聚。沿江沿海城市以码头为起点形成跨区域人流物流的汇聚地。尤其是码头商业文明更具有移民性、商业性和包容性，汇聚和交流的不仅仅是物资、资金、信息和技术等，同时为本域和东西方形成了文明和文化的多元化交融，共同推进世界文明进步。码头商业文化引领，进而形成的世界商业文明，又岂止是水域文化水域文明呢？随着全球化和信息化智能化及科技进步，码头，已经是商业文明的符号，承载着丰富多彩商道文明的基因。

武汉，汉口也许是中国比较早的典型码头文明诞生地。武汉地处江汉平原，长江和汉江的交汇处，地理位置得天独厚，生态环境优美。东汉末年，中国经济中心出现南移的趋势，北方大量的人口向长江中游一带逐步聚集。两晋时期，北方的流民逐渐持续涌进武汉地区，带来了先进的技术和多元的文化。明清以来，武汉成为商家汇聚，万商云集之地。曾有描述："瓦屋竹楼千万户，本地人少异乡多"，一幅"此地从来无土著，九分商贾一分民"的繁荣富足包容进取的和谐场景。天津，也是因朱棣发起的"靖难之役"，因从"三岔口"渡河夺沧州占南京，认为"三岔口"是风水宝地，取名：天津。苏州从南宋到明清时期，也是因为"上塘河"（京杭大运河古河道），形成了著名的"阊门"商街。历史上繁荣景象从王世贞这首诗中得以体现，"繁而不华汉川口，华而不繁广陵阜，人间都会最繁华，除是京师吴下有"。清朝的孙嘉淦在《南游记》里这样描述阊门："姑苏控三江、跨五湖而通海、阊门内外，居货山积，行人流水，列肆招牌，灿若云锦。"清代乾隆年间的名画《姑苏繁华图》也表现了当时阊门至枫桥的十里长街，万商云集的盛况。总之，都说明了水与商业文明兴起有着天然的联系。通过《清明上河图》作为案例，深入解读了宋朝都城，东京汴梁，现在的河南开封为什么在12世纪初能成为人口137万的世界最大城市之一。

如今的码头已不再是旧时代的那种“繁忙”，水路也不及旧时作为交通枢纽的那种“重要”，但它们却成了我们繁忙之余的心中所往，促使我们去品读它们承载的历史，升华它们的内涵。

（本文摘自陈贵在“京WORK-北京码头”成立揭幕仪式上的讲话）

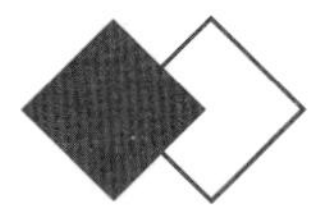

专精特新基因：企业必须“做小”

当今世界，各工业国都在寻求走一条制造业强国发展道路，实现路径与关键策略已经峰回路转了。把企业做到小而专，做到精而细，做到特而新，放弃追求“做大、做强”的发展战略已经成为中小企业的普遍共识。

在《隐形冠军：未来全球化的先锋》一书中，赫尔曼·西蒙教授分析了德国为什么能成为制造业强国的基本逻辑。他对“隐形冠军”企业概念解释为：它是同行业世界前三或者所在大洲第一名的企业，是市场上的领先者；它的年收入少于 50 亿欧元，从全球的维度看，它是一个中小型企业；这些隐形冠军基本都是 B2B 模式，其企业产品和品牌并不被普通大众所熟知。

“专、精、特、新”这四个字，是指中小企业，且具备专业化、精细化、特色化、新颖化的模式特征。西蒙教授在书中重点介绍了德国中小企业约有 330 多万家，占全部企业总数的 99%。虽然企业规模都不大，却贡献了约 54% 的增加值，占据了全部经济输出的 52%。中小企业的就业人数占就业人口总数将近 70%，超过 80% 的职业培训岗位是由中小企业提供的，专利中的 2/3 是由中小企业研发并注册的，中小企业成为德国工业和服务业的中坚力量。德国每 100 万人口拥有 16 家隐形冠军企业，这一比例为全球最高。仅以巴登–符腾堡州为例，该州拥有的隐形冠军企业数量高达400余家。西蒙教授肯定了德国制造，关键在于其拥有众多领域的中小企业“小巨人”。

日本“永不松动螺母”哈德洛克工业株式会社虽成立不到50年，员工也不到100名，却有着全世界最为高端的“U型螺母”制造技术。这家小企业成为中国高铁离不开的全球独家螺母供应商。其实，它的永不松动的核心技术是全球公开的，看似简单，却无法模仿。

中小制造企业就是要坚守“小而尖，小而精，小而强”发展策略。只有做小，聚焦核心；抛弃幻想，矢志不渝；坚守匠心，不贪近利。专业化是起点，精细化是保障，特色赢得竞争，创新促进发展。专精特新中小科技型制造企业，必须具有自主知识产权、关键独门技术、长期主义文化、创新能力强、市场竞争力强、经营业绩好、发展潜力大等特征。

总结一句话，中小制造业企业要谨记：“持续、创新、工艺、长期、优化”这十个字。中小科技型企业尤其也要切记，一定不能盲目为了做大而“做大”。或许真做大了，也许也就真的“不强”了。

（本文发表于《发现》2022年12月智库版）

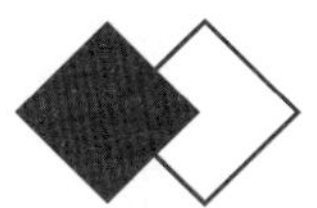

寻找现象背后的现象

《贵在逻辑》一书后记

移动海量信息是只言碎片的时代，真知灼见的理性思想更显得稀缺。咋守住客观，咋维护认知，咋稳定判断，咋接近本质，让人越发感到知识的无力。

书架上纸张堆砌，书店里墨味飘香，网上大师飞舞，街巷求仙弄神，山野灵丹解药。静下来，慢下来，坐下来。听听雨声，想想常识，问问逻辑，回归简单。透过现象看本质，寻着问题找问题，跟着逻辑找答案。

时代无论咋变，逻辑从来就在这里，常识始终就在这里。无论理论如何高深博大，大道理往往就在常识逻辑的一句话里。一本厚厚速成法的书不如一篇百字好文章，好文章也许不如一警句的真谛。赤壁之战孔明之火烧曹营的锦囊妙计，就是一个字，“火”。

爱因斯坦说：If you can't explain it simply, you don't understand it well enough（如果你不能简单明了地解释一件事情，那么说明你还没有很好地理解它）。他还说过，再深奥的道理、理论或学问，若不能让六岁孩子听懂，说明说的人也没完全真懂。五分钟说不清楚的道理，一天也许还是说不清楚，可以肯定或许这本身就不是什么道理。

《贵在逻辑》，是一部笔者从理论实践中总结的一些浅薄的评论思想集。有些朋友评价该书百篇文章风格如丝，短小精悍，深入浅出，一语中的，娓娓明快。读了就明白，明白就记住，记住就坚守，坚守就可用。

《北京码头智库系列丛书》的下一本书想起名为《贵在常识》。世上本来也没有什么灵丹妙药。回归逻辑，回归常识，就会理性。多喝水，少生气，勤运动，就能健康。有人教你立马能赚大钱的祖传秘籍，而且还打广告非要偷偷告诉你一个人，他有一神奇秘方能药到病除，起死回生，包治百病，长生不老，你真信吗？

《贵在逻辑》收录的文章，不是什么灵丹妙药，可以认为是笔者长期在战略咨询研究中烹制的一席街边小吃。如果它还能对读者有所启发，那就把它们当作药食同源茶余饭后的小零食吧。

谢谢读者，结集面世，分享思想，交流指正！

陈贵

2023 年 8 月 8 日于北京码头智库